JN233712

道のバリアフリー

安心して歩くために

鈴木 敏 著

技報堂出版

まえがき

平成12年11月に「高齢者、身体障害者等の公共交通機関を利用した移動の円滑化の促進に関する法律」（通称「交通バリアフリー法」）が施行されましたが、電車やバスなどの公共交通機関の周辺だけがバリアフリー化されてもそこへたどり着くまでの道がバリアフリー化されなければ意味がありません。誰でもが家の外に出て自由に活動できるためには、安心して移動できる道が必要なのです。

歩行者が車の危険を感じる道がある限り、車いすのために道の段差を取り除いたり、目の不自由な人のために視覚障害者誘導用ブロックを設置したり、自分の居る場所や目的地を知るためにわかりやすい表示板を設置するなど、物理的なバリアをいくら解消しても道のバリアフリー化は進みません。まずは歩行者が車の危険を感じないで、安心して歩ける道をつくり、そのうえで高齢者や身体の不自由な人に対するバリアを取り除いていくことが大切なのです。道をバリアフリー化するために、どうしたら歩行者が安心して歩ける道ができるか。これが本書のテーマです。

高齢者や身体の不自由な人にとっての「道のバリア」とは何でしょうか。一番大きなバリアは、一般に「心のバリア」と呼ばれる身体の不自由な人たちに対する差別や偏見です。差別や偏見は、日常生活において身体の不自由な人たちとの交流が少ないために、お互いをよく理解できないことによって生じることが多いのではないでしょうか。交流が少ないのは、高齢者や身体の不自由な人たちが気軽に外に出て来ないからであり、気軽に外に出て来ないのは道にバリアが多いからです。道のバリアを取り払うことが大切です。

これまでの道づくりは、車優先の道づくりでした。車の危険を避けるために歩行者のためのスペース「歩道」

ができるまでに長い時間がかかりました。しかし、歩道は車道と違って交差点で途切れてしまうため、歩行者は車道を横断しなければ進むことができません。歩道ができても道の主役が車であることは、「歩道付きの道路」と呼ばれる道はあっても、「車道付きの道」と呼ばれる道がないことでもわかります。

歩道のない道は、もっと悲惨です。歩行者は我が物顔で走る車によって隅に追いやられ、あるいは路側いっぱいに駐車した車によって道路の真中に引き出されて、車の危険にさらされています。

このような問題を解決するためには、生活街区内の道をすべて、車の危険を感じないで歩くことができる歩行者優先道路、すなわち歩車共存道路あるいは歩行者専用道路として整備することが必要です。歩行者優先の生活街区を「コミュニティ・ゾーン」として指定するのです。コミュニティ・ゾーンの中には生産のために人や物資を輸送する自動車優先道路は要りません。

自動車優先道路では、車道と歩道が分離され、歩行者が車に注意しながら道路を横断するのに対して、歩行者優先道路では車が歩行者に注意しながら道路を走ることになります。

コミュニティ・ゾーンが整備されることによって歩行者が安心して歩ける街ができるのです。歩行者優先の道は、車いすを使用する人や目の不自由な人、耳の不自由な人、長い距離を歩けない人も、誰でもが抵抗なく移動できる、バリアのない道です。

身体の不自由な人もそうでない人も、誰でもが使いやすく、わかりやすく、使い方の間違いが少ない、あらゆる障害をなくしたものづくりの概念を「ユニバーサルデザイン」といいます。道づくりもユニバーサルデザインを目標に進めていかなくてはなりません。しかし、一般の道路は歩行者と自動車が混在しているため、すべての面においてユニバーサルデザインを直ちに取り入れるのは難しいことのようにも思われます。また、人類の遺産や生態系を守るために道のバリアを残さざるを得ないこともあるでしょう。このように取り除くことが難しいバリアをフォローするのが、「心のバリアフリー」です。

歩行者優先のコミュニティ・ゾーンの中で道のバリアを取り除いていくことによって、移動に支障のある人もそうでない人も、みんなが一緒に街に出られるようになります。そして、いろいろな人との交流の中でお互いを理解し合うことによって、自然に、路上で困っている人に一声かけて手を差し伸べたり、狭い道では譲り合うというような人を思いやる気持ちが育つのです。このようにして「心のバリアフリー」が形成され、本当のバリアのない街ができるのだと思います。

「バリア(barrier)」という言葉は、「障壁」とか「障害」と訳されています。路上の段差や勾配、舗装の滑り、放置自転車などが、道の障害であり、「さまたげ」となります。安心して移動できる道をつくるためには、これを取り除くことが必要です。

それでは「障害者」とは何でしょうか。「(社会の)さまたげ(バリア)になっている人」あるいは「(社会の)さまたげ(バリア)になるものを持っている人」となってしまいます。しかし、社会のさまたげは、このような身体の不自由な人ではなく、人が生活するうえで困ること、不自由な規則であり、不自由な道具であり、不自由な建物であり、不自由な道であり、不自由な乗り物であり、そして誤解や偏見を持った人の心だと思います。先日読んだ新聞に「自閉症の我が子を『障害児』とは呼びたくない」という投書がありました。「障害者」、「障害児」という言葉そのものが障害なのではないかと思います。

このような考えから本書では、高齢者や身体が不自由な人、妊婦、乳母車を押している人、けがをしている人、大きな荷物を持っている人などを含めて道での移動に支障のある人たちを指して「障害者」という言葉を使わないことにしました。

実は、誰もが生きていくうえでの障害を持っています。ただ、人によって障害となるものが違うだけなのです。車いすを使用している人は階段を使うことができません。目の不自由な人は横断歩道の場所がわかりません。耳の不自由な人は音声案内が聞こえません。誰でも高齢になれば体力が衰えます。一般に健常者といわれる人でも、大きな荷物を持って階段を上るのはたいへんです。

混雑した狭い道ではすれ違うたびに人とぶつかってしまいます。誰でも道を歩いて困った経験があると思います。このような障害を互いに補い合うことによって安心して移動できる道ができ、暮らしやすい街ができるのです。

目次

1 安全な道からやさしい道へ

一 車を逃れる安全地帯

道は、人間が移動するためにつくられたものです。移動の目的は、食料の入手や物資の輸送、情報の伝達・交換、そして未知への好奇心でした。移動の手段は、２本の足です。みんなで助け合いながら道を歩きました。

紀元前３５００年頃の古代メソポタミアで車輪が発明され、物を荷車に積んで運ぶようになりました。１人で運べる荷物の量が、背中に担いだり、引きずったりして運ぶのと比べて一挙に何倍にも増えたのです。人間の活動範囲が広がりました。

紀元前２５００年頃になると、車を牛に引かせるようになります。牛は肩が張り出しているので、横に並んだ２頭の牛の肩に頚木《くびき》と呼ばれる横棒を当て、その中央に車の前に張り出した轅《ながえ》と呼ばれる舵棒を取り付けて車を引くのです。馬は肩が張っていないので、頚木を胸にかけた革のベルトに結ぶしかありません。この方法では、馬が一所懸命に轅を引っ張ると、胸のベルトが首までずり上がって喉を締め付けることになりますから、無理はできません。馬が引く車（馬車）を使って物を運ぶためには、軽快で走りやすい車輪と平坦性のよい舗装された道路がなければ難しかったのです。そのため、馬が車を引くようになるのはずっと後のことになります。

エジプト第一八王朝（紀元前１５６７～１３２０年）のツタンカーメン王の墓は、埋葬品が盗掘されずに発見された古代エジプトの唯一の墓ですが、この埋葬品の中にスポーク付きの車輪を持った二輪馬車があります。この頃になると平坦性のよい舗装された道ができて、このような軽快な二輪馬車が王族や貴族の間で盛んに使われていたのです。人が馬に乗って走るのはさらに時代が下って、紀元前１０００年頃だといわれています。

馬車や乗馬をする人が増えるに従って交通事故が起こるようになります。古代ローマの時代には交通事故が社会問題となり、ジュリアス・シーザーは、ローマ市内の交通混雑を解消するために、日の出から日没まで市内に馬車や荷車を乗り入れるのを禁止しています。この頃から道路の安全性が意識されるようになったのです。

西暦６２年にベスビオス火山の噴火によって一瞬のうちに火山灰で埋もれたポンペイの街には、歩道と車道を分離した道路が残っています。この歩道は、馬車を避けるだけでなく、火山灰の泥流から歩行者を守るという目的もあり

写真 1-1　ツタンカーメン王の墓に埋葬されていたスポーク付きの軽快な二輪車

ましたが、道の安全性が考慮されていたことは間違いありません。歩行者は、危険を避ける歩道という安全地帯をつくって、そこに避難したのです。

「すべての道はローマに通ず」という言葉がありますが、古代ローマ帝国は領土拡大とともに立派な石づくりの街道をつくりました。帝国の全盛期である2世紀初頭には、ヨーロッパから中東を通って北アフリカまで、地中海全域を覆ったローマ道の主要幹線の長さは、８・６万km、支線を含めると２９万kmにもなったといわれます。ちなみに、赤道全周の距離は約4万kmですから、たいへんな規模であることがわかります。街道の要所につくられた都市の幹線街路には、もちろん歩道が設置されていました。

３９５年にローマ帝国が東西に分裂する頃から、ヨーロッパではゴート族、フランク族、アングロ・サクソン族、ゲルマン族などの民族の移動が活発化し、ヨーロッパはたくさんの国に分かれてしまいます。これらの新しい国々は、都市を中心として発展し、人々は都市に集中します。領主は、領地と権力を守るために教会や城を整備しますが、それらを建設する材料としてローマ道の敷石が使われたのです。

写真 1-2　一段高い歩道と車道を横断する飛び石のあるポンペイの街路

都市と都市、国と国を結ぶ街道は、敷石が掘り起こされて荒れ放題となります。うっかりすると、馬車は穴にはまって動けなくなるし、安心して旅ができる状態ではありません。領主が領民に道路の整備を命じても工事は遅々として進みません。道普請で貰うお金より、穴にはまって動けなくなった貴族や金持ちの馬車を引き上げて貰う駄賃の方が割がよかったのです。

その頃の都市は城壁で囲まれていましたが、都市の人口が増えて城壁内に建物があふれ、街路の整備まで手が回りませんでした。城壁内の道は狭くて暗く、下水もないので、汚物は窓から道に捨てられ、路上を流れます。ヨーロッパの古い民家の中には、今でも二階部分が４０～５０cmほど前面に突き出し、三階はさらに出窓が突き出しているものがよく見られます。これは窓から汚水を道路に捨てた名残です。外に垂れ流した汚物が下の窓を汚さないように、上にいくほど前に突き出ているわけです。またアパートのような大きな建物を見ると、三階から上のベランダや窓が立派にできているものが多いのに気が付きます。馬車が跳ねた泥水が届かないように、主人の家族は三階から上に住んでいたのです。一階は馬小屋、二階は召使いの部屋に使われ、三階以上が一番よい部屋だったというわけです。

写真 1-3　中世の面影を残す狭い街路（シラサーク）

汚物や雨水が道路の上を流れ、低い所に溜って、街には悪臭が漂っていました。馬車が通ると、泥水が跳ねるため安心して道を歩けません。水はけがよくなるように主な道路を石畳で覆いましたが、砂利道のように泥水が地下に浸透しないため、かえって乾きが遅くなり、いつまでも水溜りが消えません。乾くと、土埃が舞い上がります。不潔で汚い道、どうにもならない状態が何百年も続いたのです。

ルネッサンスの頃になると、泥水の被害を食い止めるために道幅を広くすることが考えられるようになります。レオナルド・ダ・ヴィンチは、「道路の幅は建物の高さと同等の広さがなければならない。」といっています。しかし、石畳で舗装された広い道は、馬車にとっても走りやすいため、スピードを出すようになります。馬車の数も増えて交通事故、騒音、交通渋滞、馬糞による道路の汚れなどの問題が深刻化していくのです。

城壁の中の道は、危険で汚くて歩くことができません。歩行者が泥水や馬車の危険を避けて街の中を移動するために、建物に沿って一段高い避難通路、すなわち歩道がつくられるようになります。もともと狭い道ですから、５０㎝ほどの幅もありませんが、これでも大助かりでした。

ヨーロッパで最初に大学ができたイタリアのボローニャでは、授業を受けるために街中を移動する学生たちを馬車や雪から守るために、建物の一階部分だけを3～5ｍほどセットバックして、「ポルティコ」といわれる歩行者のための専用通路がつくられました。１２世紀のことです。二階から上の部分はそのままですから屋根のある歩道になります。建物の二階から上を支えるために歩道と車道の境界部分に柱が残りましたから、馬車が歩道に乗り上げてくる心配もありません。同じような歩行者通路は日本の雪国でも

写真 1-4　建物の一階部分をセットバックしてつくられたポルティコ（ボローニャ）

みることができ、「雁木《がんぎ》」とか「子店《こみせ》」などと呼ばれています。今でいう「半蓋アーケード」の始まりともいえますが、建物の所有者が一階部分をセットバックして歩行スペースを提供しているところに特徴があります。雪国ではありませんが、横浜の元町などでは、ゆっくり買物ができるように建物の一階部分をセットバックして歩道スペースを広げている例も見られます。

写真 1-5　建物の一階部分をセットバックして歩道を広げている（横浜）

産業が発達し、物資を運ぶために交通量が増えると、歩行者を車の危険から守るために歩道の必要性が叫ばれるようになります。イギリスでは1762年に車道より一段高い歩道の設置を定めた『ウェストミンスター道路法』が制定されました。その後、この考え方がヨーロッパ各国に広まり、パリをはじめとする大都市に歩道が整備されていきます。

1867年には、ミラノに「ヴィットリオ・エマヌエルⅡ世アーケード」という道全体に屋根を掛けた歩行者通路が完成します。車道とは完全に分離された歩行者専用の道で、安全・快適に買物ができるため、ミラノやジェノア、ナポリなどにも同じようなアーケードがつくられています。また、建物の内部を通り抜けるように商店が並んだ「パサージュ」と呼ばれる歩行者専用の通路もヨーロッパ中につくられるようになりました。しかし、歩行者専用道路では安全・快適にショッピングはできても、歩行者が一歩一般の道路に出ると、

写真 1-6　ヴィットリオ・エマヌエルII世アーケード（ミラノ）

写真 1-7　建物の中を通り抜ける商店街・パサージュ（ロンドン）

再び馬車の危険にさらされることになります。

１９世紀後半には、新しい交通手段である自動車が発明されます。最初、人々は、糞を出さず道路を汚さない自動車を歓迎しました。石畳の上で発せられる馬車の騒音や渋滞もなくなると期待したのです。はじめは一部の金持ちや貴族の乗り物であった自動車も、２０世紀初めには大量生産されるようになって庶民も使用できるようになり、地球の隅々まで爆発的に普及していくことになります。そして、馬車よりスピードが出る自動車が撒き散らす騒音や振動、排気ガス、交通事故の発生件数は馬車の比ではないことに気が付きます。自動車の増加に対応するために、新しい道路をつくったり、道幅を拡幅したり、駐車場を建設したり、交通規制を強化したりなど、自動車対策が進められましたが、追いつきません。車が増える、道路が整備される、さらに車が増える、このイタチゴッコは現在でも続いているのです。

1963年、ミュンヘンでは増加する交通事故に対抗して、旧市街地である城壁内部への一般の自動車の進

写真 1-8　モールに直接乗り入れる地下鉄の入口はエレベーターやエスカレーターが完備している（ミュンヘン）

写真 1-9　日本で最初にできた買物公園（旭川）

入を禁止し、安全で快適な歩行者専用道路（モール）を整備しました。郊外から歩行者専用区域に入るための地下鉄の整備、郊外の地下鉄ターミナルには駐車場を建設し、モール入口にも大規模な駐車場を整備しました。モールの入口で車を降り、あるいは都心の駅で地下鉄を降りて、街の中を徒歩で移動するのです。車で買物に来る人も電車で買物に来る人も、不便を感じないで買物ができるようにすることが大切です。

最初、モール建設に反対していた商店街の人たちも、市当局の時間をかけた粘り強い説得、そして何よりも買物客が増えたという現実にモールの効果を納得しました。モールの建設は、ヨーロッパやアメリカ、そして日本でも多くの都市で行われています。しかし、その全部が成功しているわけではありません。モールの建設に併せて街にやって来る車のための駐車場の建設、街を通過する車のためのバイパスの整備、そして買物客がモールにやって来るための安全で快適な公共交通手段の整備がどれだけなされているかが成功の鍵のようです。

二　歩行者が安全に歩ける道

歩道の整備や、歩行者が安全に街を歩くために、アーケード、パサージュ、モールなどの自動車の心配をしないで買物ができる歩行者専用の道づくりが行われましたが、交通事故は減りません。

自動車はどんどん生産されて道にあふれ、むしろ交通事故は増加しているのです。自動車が人間の生活の中に入り込んでいる限り、人は車の走る道と縁のない生活をすることはできないのです。車の通る道でも、人が安全に歩くことはできないのでしょうか。

道路の種類は、『道路法』によって「高速自動車国道」、「一般国道」、「都道府県道」、「市町村道」、に分類されていますが、これは管理者の違いによって分類しているものです。また『道路構造令』では、道路の種類を「高速自動車国道及び自動車専用道路・第一種、第二種」と「その他の道路・第三種、第四種」とに区分しています。しかし、このような分類の仕方は実際の道の使い方を語るうえでは不都合であり、ここでは道路を次のように機能によって分類して話を進めたいと思います。

自動車専用道路：高速道路など、歩行者の入ることができない道路です。

歩車分離の道路：車道と歩道が分離されている道路で、自動車が優先されます。

歩車共存の道路：歩行者と自動車が同じ空間で共存する道路で、歩行者が優先されます。

歩行者専用道路：緑道や商店街のモールなど、自動車の入れない道路です。

どんな道路でもこの4つのうちのどれかに該当することになります。しかし私たちの周りには、このうちのどれに該当するのかはっきりしない道路がたくさん存在します。いわゆる歩道のない街路です。このような道路では、歩行者は歩行者優先の道なのに自動車がスピードを出しすぎて危険だと感じ、自動車を運転している人は自動車優先の道なのに歩行者がのろのろ歩いて邪魔だと感じていることが多いのです。これでは事故はなくなりません。このように一見どちらとも区別がつかない道路が存在していることが問題なのです。

歩行者も車を運転している人も、道を使用する人みんなが、その道路がどのような性格の道路なのかということに、共通の認識を持つことができるような道づくりをすることが、道路の安全を確保するための最低基準だと思います。車優先の道路には、歩行者が車から避難できる歩道がなければなりません。歩車共存道路には、車のスピードを制御する標識や装置が整備されていて、歩行者の安全が確保されなければならないのです。

写真 1-10　一般に見られる路側帯を示す区画線

私たちが住んでいる街の道路を歩いてみますと、路面標示がなかったり両側に白線を引いているだけの「歩道のない道」が多いのに気が付きます。この白線の外側は「路側帯」と呼ばれ、法律では「歩行者の通行に供し、又は車道の効用を保つため、歩道の設けられていない道路又は道路の歩道の設けられていない側の路端寄りに設けられた帯状の道路の部分で、道路標示によって区画されたものをいう」と定められているものです。白線は、歩行者スペースを示すと同時に自動車が路側に寄り過ぎないように、車がスムースに走行できるように示された区画線ということになります。しかし、車がすれ違う時や駐車する時には、車はこの区画線の外側（路側帯）に進入し、歩行者のスペースを奪ってしまいます。車の走行スペースと歩行スペースとの間には、車止めやフェンス、あるいは縁石による段差などによる明確な区分けが必要なのです。路側帯を示す区画線は、堤防などの道路のように歩行者が極端に少なく、路側に障害物がない場合には自動車の転落を防止する誘導用として有効ですが、歩行者や車が多い街路では、区画線だけで安全を確保するのは無理があるのです。

路側帯が歩道の扱いを受けていないことは、多くの場合（区画線が1本だけの場合）、この上での駐停車が許されていることでもわかります。路側帯の上に自動車が駐車していると歩行者は道路の中央を歩くことになり、車の危険にさらされます。これでは歩行者が「車のための道」を歩かせてもらっているということになります。このような道が住宅地などの生活に密着した道路に多いということが問題なのです。車が我が物顔で生活道路を走るのは危険極まりないことです。どうしても車の速度を上げてスムースに通したい場合には、車道が狭くなって一車線しかとれずに一方通行にしなければならなくても歩道を設置して車道と分離する必要があります。歩行者と同じスペースを車がスピードを出して走るというのは危険であり、生活エリアにあって路側帯を示す区画線のみの道路や、区画線もなくて車が進入してくるような道路はあってはならないのです。

生活道路は、自動車は歩行者の速度に合わせて走り、歩行者が安心して歩ける歩車共存道路に変えていかなければなりません。この場合、道路の構造や標識などを整備して歩行者も車の運転者にも歩車共存の道路であることがわかるようにすることが大切です。道路の安全は、歩行者と自動車、双方の認識が一致して初めて成り立つのです。

最近、私が住んでいる街で、商店街の近くに３００ｍほどの生活道路が拡幅されました。道の一方は、歩道の整備された国道に直接つながっており、もう片方は歩道がなく狭い道路ですが、バスが通る道路にぶつかります。この広くなった新しい道の両側に歩道が付いているのです。歩車分離の立派な道路です。車道にはセンターラインが引かれて二車線です。途中何本かの歩道のない生活道路がこの道を横断しているのですが、両端の幹線道路からただ通過するだけの車がどんどん入り込み、車道をスピードを出して走るようになりました。

歩行者にとっては、この付近は生活エリアであり、これまでは車はゆっくり走り、自然に歩車共存エリアとして定着していたのです。何回か事故を目撃しましたが、自動車にとっては歩道の付いたお墨付きの車道を走っているのですから言い分はあるでしょう。事故を引き起こしている原因は道路の構造にあると思われます。この道が歩車共存のコミュニティ道路として整備されていたら、どれだけ安心して歩けるでしょうか。幹線道路の車を生活エリアに引き込んで危険地帯を増やしているような道路整備が多いように思います。生活エリアでは、歩道のある道が危険な道になることもあるのです。

　歩道が必要な道路かどうかは道幅で決まるのではなく、その道の置かれた状況で決められるのだと思います。道の構造は、道が置かれた状況を踏まえて決められなければ、歩行者と車の運転者との間に誤解が生じて、それが事故につながります。道路管理者や警察、そして道の利用者である運転者や歩行者も、その道路がどのような性格の道路なのかという認識が一致して初めて、交通事故が減り、安全な街ができるのです。自動車専用道路や歩車分離の道路における車道には歩行者は入れないという認識は誰でも持っていると思います。しかし、歩車道が分離されていない道路では、歩行者はどこを歩けばよいのか明確に理解されていないのではないでしょうか。

　一般に、「歩道のある道」とはいいますが、「車道のある道」とはいいません。これは、道は車のためのものであって、歩行者はその一部を借りているという発想からきているのではないでしょうか。しかし本来、道は歩行者のためのものだったはずです。人間の生活の中に道を取り戻さなければなりません。

　１９７０年代後半、オランダやドイツにおいて車優先の道路を生活の場に取り戻すため、人と車が共存する道が必要だという考え方が起こりました。歩行者の安全を確保するために、これまで安全といわれてきた歩道付きの道をやめて、歩車道が分離されていない歩車共存の道ができたのです。「生活の道」という意味を持つボン・エルフやボーン・シュトラーゼと呼ばれる道です。

歩車共存の道では、人と車が同じ道路空間を共有するために、自動車は歩行者に危険が及ばないように速度を落として走ります。もちろん車道と歩道との区別はありませんが、歩行者がどこでも歩くことができるのに対して、自動車が走れるスペースは制限されます。また、交差点の信号やセンターラインが取り払われて、自動車の速度を制御する装置が整備されます。安全・快適な歩行のためにいろいろなストリートファニチャーが用意され、路上には荷物の積み下ろしなど短時間の停車ができるスペースもできます。まさに歩行者優先の「車道のある道」なのです。

自動車が速度を落とすための手法として、車が走る路面にこぶをつくる「ハンプ」（写真5-14、5-15）や車の通るスペースを蛇行させる「シケイン」（図5-3）、そして道幅の一部を狭くする「チョッカー」（図5-3）などが行われています。シケインやチョッカーをつくるために、車が歩行者専用スペースに入らないための車止めや植栽、ベンチなどの休憩施設、あるいは駐車や駐輪のスペースが設けられます。住宅地などで生活道路として歩車共存の道路ができたおかげで、交通事故が減少したというたくさんの事例が報告されています。

歩車共存の道路は日本にも導入され、１９８１年には「コミュニティ道路」という名称で事業化されて全国に広がっています。しかし、車が走りにくいコミュニティ道路ができると、それを避けて隣接する別の生活道路が抜け道となり、危険にさらされているという問題も発生しています。道の整備は、周辺の街全体を考えながら進めなくてはなりません。

１９８３年には、ヨーロッパで歩車共存空間を一本の道路（線）ではなく、生活の場である地区全体（面）で指定する「コミュニティ・ゾーン」の考え方が始まりました。車道と歩道が分離されている市街地の幹線道路に囲まれた街区を一つの「ゾーン」として、ゾーン内の道をすべて歩行者優先の歩車共存道路あるいは歩行者専用道路にするものです。ゾーンの入口に「ゾーン３０」の標識があれば、その地区内を走る自動車は時速３０km以下の速度で安全走行しなければなりません。

幹線道路で囲まれるゾーンの広さは、街の成り立ちや地形などによってそれぞれ違いますが、縦横１０００m程度がよいと思われます。これだとゾーン内は徒歩で十分移動ができる範囲であり、また自動車もゆっくりと５００mも走れば幹線道路に行き着くことができます。

写真 1-11　ゾーン 30 の標識（ポツダム）

ゾーンの周りには幹線道路が走り、十分なスペースを持った歩道が設置されますが、ここは歩行者が横断歩道を渡る自動車優先の道路です。しかし、ゾーン内では歩行者専用道路と歩車共存道路だけなので、交差点では自動車が歩行者スペースを横断する形の歩行者優先の道となります。歩行者優先のゾーンをつくることによって高齢者や身体の不自由な人も安心して移動できる安全で快適な街が形成されやすくなります。

このような考え方は、日本でも三鷹市や藤沢市などで実施されており、今後全国に広まっていくものと考えられます。

三　誰にもやさしい安心の道づくり

歩行者の中には、身体の不自由な人がいます。車いすを使用する足の不自由な人、白い杖をついた眼の不自由な人、外見からはわからない耳の不自由な人など、身体が不自由な人はこれまで少数派だと考えられてきました。しかし、日本は世界でも類のない速さで高齢化が進んでいます。高齢化が進むことは、身体の不自由な人が増えることも意味するのです。２０１５年には人口の5人に1人、２０５０年には3人に1人が６５歳以上の高齢者になるといわれています。こうなると身体が不自由な人は少数派ではありません。身体が不自由な人もそうでない人も自由に街に出て生活を楽しめる、そんな道づくりが必要となります。

道が歩行者にとってどれだけ安全で快適であるかということを示す指標の一つとして「抵抗なく歩ける距離」というのがあります。これまで健常者を対象としていた「抵抗なく歩ける距離」を高齢者や身体の不自由な人も含めて考えながら道づくりをしなければなりません。高齢者や身体の不自由な人も抵抗なく街に出られるために、バリアのない道づくりが必要となります。

バリアとは障壁のことです。高齢者や身体の不自由な人にとってのバリアには、次の4つがあるといわれています。

物理的なバリア：道幅や路面の勾配、段差、凹凸などによって道路が通れない。
　　　　　　　　押しボタンや公衆電話などに手が届かない。
　　　　　　　　青信号の時間が短くて横断歩道が渡れない。
　　　　　　　　など、距離や重量、時間などに関するバリアです。

情報のバリア　：信号や看板、バスや電車の時刻表がわからない。
　　　　　　　　後ろから来る車の音や警報機、音声案内などが聞こえない。

路上の障害物が見えない。

など、聴覚、視覚、触覚、嗅覚、味覚の五感などに関するバリアです。


制度のバリア　：管理者が代わると、バリアフリー装置が途切れたり形が変わったりする。

身体が不自由なことを理由に進入を拒まれる。

など、法律や制度、習慣などに関するバリアです。


心のバリア　：路上で困っている移動弱者に気軽に声をかけられない。

親切を素直に受けられない。

他人の迷惑を考えない放置自転車。

など、人の心の中に潜んでいるバリアです。


このようなバリアに対して、すべての人が安心して歩ける道路とはどうあるべきなのでしょうか。

これまでの道路整備は、健常者が利用することを前提にして行われてきましたが、最近は、高齢者や身体の不自由な人も含めて誰でもが利用することを前提に、誰に対してもバリアが存在しない道の整備が求められ、道のバリアフリーと呼ばれる整備も始められるようになりました。しかし、その整備内容がつくる側の独り善がりによって、身体が不自由で移動に支障のある人にとってむしろ不便をかけているもの、連続して整備がなされていないためにかえって利用しにくいもの、特定の施設がバリアフリー化されても周囲の関連する施設が整備されていないために利用できないもの、車いすには対応しても目の不自由な人にはバリアになるもの、その逆のもの、などが少なくありませんでした。

このような問題を解決するためには、誰かに指摘された一箇所だけのバリアの除去、一本の道路だけのバリアフリーではなく、その街全体について利用者の視点に立ったバリアフリー化が必要となります。また、バリアフリー化は、どの地域でも統一された考え方や基準に基づいて整備されなければなりません。例えば、電車の自動券売機で運賃を示す点字表示が、関東ではボタンの上、関西ではボタンの下にあるため、目の不自由な人が料金を間違うトラブルが発生しています。また、エスカレーターを駆け上る人のために東京では右側を空け、大阪では左側を空けているのが一般的ですが、特に耳の不自由な人の場合にはトラブルが起きることが多いようです。ロンドンでも大阪と同じように左側を空けているのですが、私も自然に左側に立ってしまうので、英語で後ろから注意されても気が付かずトラブルになりそうになった経験があります。このような間違いが事故を起こさないように、地域差のない統一されたバリアフリー化が必要なのです。

「バリアフリー」という言葉は今存在するバリアを取り除いていこうという、むしろ受動的な改善を意味するものと考えられます。これに対して、初めからバリアのないものをつくっていこういう積極的な意味で「ユニバーサルデザイン」という言葉も使われています。ユニバーサルデザインは、アメリカのロナルド・メイスが身体の不自由な人を特別視せずに、あらゆる人が快適に暮らすことができるデザインとして提唱したものですが、次の7つの原則で構成されています。

①　誰でも公平に利用できること。
②　使ううえで自由度が高いこと。
③　使い方がわかりやすく簡単なこと。
④　必要な情報がすぐ理解できること。
⑤　うっかりミスが危険につながらないこと。
⑥　無理な姿勢をとることがなく、小さな力で楽に使用できること。
⑦　接近して使える寸法や空間になっていること。

道という存在が、歩行者にとって安全で快適な空間になりきっていないという現実を考えると、単に高齢者や身体の不自由な人に対するバリアを取り除くのではなく、健常者といわれる人も含めて、誰もが安心して移動できるように、道の整備もユニバーサルデザインの視点で行わなければなりません。

しかし、歩行者に対するバリアをなくすためには、車に対するバリアを増やさなければならず、車の運転者も人であることを考えれば、特に既存の道路ではユニバーサルデザインの実現は難しいことのように思われます。歩行者優先の歩車共存の道では、自動車は歩行者のために我慢してゆっくり安全に走行し、自動車優先の歩車分離の道では、歩行者が注意しながら我慢して車道を横断することが必要なのです。そして、それぞれが我慢しなければならないバリアを、道を利用する人たちの心のバリアフリーによってお互いに助け合いながら安心して暮らせる街を実現していかなければなりません。

車優先の道づくりの時代、歩行者の安全対策は歩道という安全地帯をつくることでした。しかし、安全地帯は交差点などで分断されて連続していないため常に危険と隣り合わせであり、歩行者が安心して道を歩くことはできません。歩行者が安心して歩ける歩行者優先の道づくりが必要なのです。歩行者が安心して歩ける道ができることによって、高齢者や身体の不自由な人も安心して移動し活動できるバリアフリーの道づくりが実現できるのです。

2　道のバリアを知る

一　高齢になれば身体が不自由になる

「バリアフリー」というと、ほかの部分は健常だけれど身体の一部、例えば足や目などが不自由な人のためにバリアを除去することと思われがちですが、身体が不自由な人は、むしろ身体の弱い高齢者の方が多いのです。身体が不自由な高齢者は、外に出る機会が少ないために目に付きにくいだけなのです。

高齢者になれば、誰でも見る、聴く、嗅ぐ、味わう、触れるという5つの感覚、すなわち五感の機能、そして体力や運動能力が衰えて体が不自由になるのです。高齢化は誰でもが行く道です。そう考えると、道のバリアフリー化は、特定の人のためのものではなく、私たち自身のために実現していかなければならない問題なのだということがわかります。高齢化による体の不自由は、体の一部だけではなく、体全体にわたることを理解しておかなければなりません。

高齢者の視覚の低下は、「老眼」や「老人性白内障」という形で現れます。老人性白内障は４０歳台後半から始まりますが、７０歳台では８０～９０％、８０歳台になるとほぼ全員がかかるといわれています。ものがかすんで見える、光の強い所ではまぶしくてものが見えにくい、ものが黄色がかって見えるため色のコントラストがわからないことがある、暗い所では見えにくいというのが、症状の主な特徴です。また、緑内障により視野が狭くなることもあります。

聴覚の低下は、老人性難聴という形で現れます。低い音よりも高い音が聞きにくくなるのが特徴で、普段は聞こえないのに低いヒソヒソ話は聞こえるという現象が起こります。内緒話だけが聞こえるために聞こえないふりをしていると誤解されることもありますが、普段の高い声は聞こえていないことが多いのです。また、音を聞き分ける能力も低下して、「サ」行、「カ」行、「タ」行、「ハ」行の音の聞き取りが困難になるといわれています。

ものに触ってその温度や表面の粗さ、痛みなどを感じる力が衰えると、指先でものを区別できなかったり、思わぬ所でけがや火傷をしたりすることにもなります。

食べ物などの匂いや味の区別ができなくなると、間違って傷んだ食べ物を口にすることがあります。

体力の低下は個人差が大きいのが特徴ですが、一般に関節を動かせる範囲は徐々に狭くなります。特に身体をひねる動きは、手足の関節の衰えよりも著しく制限され、後ろを振りかえる動作が難しくなります。

筋力は、７０歳台になると２０歳台の頃と比べて半分近くに減少し、足腰が弱ってきます。７５歳以上になると、１割以上の人が足を４０㎝の高さまで上げることができないという調査結果もあります。また、筋力の衰えは握力にも影響し、例えば丸いドアノブを握ってひねって回すという動作が苦手になります。握力の低下と触感の低下によって、自動販売機に小銭を入れるなどの指先を使った細かな作業が難しくなるのです。

筋力の低下と姿勢の変化に対する適応能力の低下により、身体のバランスを保つことが難しくなり、真っ直ぐ立っていると身体がゆれたり、小さな段差につまずいたり、転んだりしやすくなります。

高齢者の歩行は歩幅が狭く、ゆっくりした動きになります。１０m歩くのに、２０～５０歳くらいまでは１5歩で8秒ぐらいの速さで行けたものが、６０歳台以降は次第にゆっくりとなり、８０歳台では２０歩で１２秒もかかるようになります。

後ろから押された時の感覚や、ものにぶつかった時の身体の痛み、温度感覚など、いわゆる皮膚感覚も鈍ります。抵抗力の弱った身体は、気温や室温に対する感度が低下するため体温調節がうまくいかなくなって、病気にかかりやすくなります。

高齢になると、このような肉体的な衰えに加えて、精神的な衰え、例えば記憶機能や知能の衰えも進み、老人性痴呆のような現象が見られることもあります。

このように歳をとると、心身の機能が衰えてはきますが、高齢者自身、いつまでも若さを保ちたいという気持ちを持っているということや、年寄り扱いされることが自尊心を傷つけることがあるということも理解しなければなりません。高齢者の気持ちを尊重しながら接し、援助することが大切なのです。これがバリアフリーの第一歩です。

二　インスタント・シニアの擬似体験

高齢者や身体の不自由な人は路上でどんなバリアを感じているのでしょうか。このような人たちが安心して街に出られる道づくりを目指すためには、路上にどのようなバリアがあるのかを知らなければなりません。高齢者の不便さがわかるための体験ができるプログラムがいろいろ開発されています。これらを一般に「高齢者擬似体験」と呼んでおり、私も体験してみました。体験したのは、日本ウエルエージング協会の『インスタント・シニア』というプログラムで、次のような器具を身体に装着して道を歩きます。

写真 2-1　インスタント・シニア擬似体験

耳栓：耳栓を装着して老人性難聴を体験します。

白内障用ゴーグル：視覚の変化・老人性白内障を体験します。

両腕関節サポーター：両腕の肘にサポーターを装着することで肘が曲がりにくくなり、背中に手を回すなどの動作が不自由になります。

利き手首おもり：利き腕の手首におもりを装着することで、筋力の低下によって手を上げるのが難しくなることを体験します。

ゴム手袋：両手に薄いゴム手袋を2枚ずつ着け、人差し指と中指、薬指と小指を2本ずつテープで縛って、触覚の低下や指が動きにくい状態を体験します。

膝サポーター：利き足の膝にサポーターを装着して、関節が曲がりにくくなった状態を体験します。

左右違った足首おもり：左右の足首にそれぞれ異なった重さのおもりを装着し、平衡感覚の変化と歩きにくさを体験します。

杖：歩くのがたいへんな人にとって杖は大きな助けになりますが、置く場所がないと倒れてしまい、拾うのがたいへんです。

ゼッケン：擬似体験中であることを周りの人に知らせ、体験者の安全を確保します。

写真 2-2　放置自転車が歩道を占拠して歩くのがたいへん

写真 2-3　小学生も参加しての体験会

いつも歩いている道に出て、まず視野が狭くなるのに驚きました。そのうえ案内板や自動販売機の説明の文字が読めないのです。字が大きければよいというものでもなく、下地の色と文字の色とのコントラストや、明るさなどが影響するようです。明るすぎても暗すぎても見えません。

後ろから近づいてくる自動車や自転車の音に気が付きません。気配があっても、体全体をまわさないと後ろを振り向くことができませんから、ついそのまま歩いてしまいます。自動販売機では、硬貨を数えてそれを投入口に入れるのにひと苦労しました。出てきたコーヒー缶を腰をかがめながら取るのもたいへんです。

駅の切符売り場に行くためのエスカレーターに乗るのも苦労しました。歩道と車道の段差も気になりますが、気になっている時はむしろ安全なのかも知れません。うっかりすると段差に気が付かないでつまずいてしまいます。狭い道路をもっと狭くしている放置自転車の塊が行く手を阻んで通れません。視覚障害者用ブロックの上にも放置自転車があり、全盲の場合は前に進むことはできないと思いました。

写真 2-4　インスタント・シニアの用具を装着した人と付き添いの二人一組で行われた

その他いろいろ、普段は何気なく歩いている道にこれほどの障害物があるのに驚きました。杖をついて歩いているお年寄りだけでなく、車いすの人、目が不自由で白い杖を使っている人、耳が全く聞こえない人など、みんなが安心して歩ける道にしなければなりません。

ある地区で道路や交通機関などを利用している一般の人たち（小学生以上）、交通機関などの仕事に携わっている人たちが参加して、インスタント・シニアによる高齢者の擬似体験会を開き、参加者全員でこの街のバリアフリーについて考えてみました。実施したのは土曜日の午後、５０人ほどの参加があり、天気もよくコンディションは上々です。インスタント・シニアの用具を装着した人と付き添いの2人が一組となってスタートしました。北口の商店街を通って電車の駅の北口まで歩き、北口から南口まで駅の中を横断、南口の商店街の駐車場まで移動します。ここで付き添いの人と装着を交代して同じ経路をスタート地点まで帰ります。片道の移動時間は約３０分。移動の途中で、切符を買ったり、自動販売機で飲み物の缶を購入したり、公衆電話をかけたり、エスカレーターやエレベーターの乗り降り、階段の上り下り、銀行のＡＴＭの利用、視覚障害者のための押しボタン信号などを体験しました。最後に全員で意見交換を行い、アンケートに記入しました。アンケートには、この体験によって「高齢者が道や駅を利用するのにたいへん負担がかかっていることがわかった」、「高齢者の心身の状態に配慮した行動を積極的に行いたい」などという意見が多く寄せられました。

体験によって気が付いた道路の現状の問題として、次のような意見が出されています。

・歩道の段差でつまずきそうになった。
・放置自転車によって歩道が占拠されている。
・点字ブロックの上や押しボタンの周りを放置自転車が占拠している。
・信号が暗くてわかりにくい。

・特に青信号が見にくかった。
・歩行者用の青信号の時間が短い。
・日差しが当たると信号がよく見えない。
・信号の押しボタンの位置がわかりにくい。
・信号のない所で横断する時は自動車が怖かった。
・路上では自動車よりも音のない自転車の方が怖かった。
・自動販売機の説明書きや、お金の投入口がわかりにくかった。
・黒い小さな字はわからない、赤系統の大きな字がよかった。
・視野が狭いのは恐怖感を覚える。
・眼の不自由な人にとって音はとても役に立つものであることがわかった。

中でも意見の多かった放置自転車に対しては次のような提案や要望がありました。

・駐輪スペースは長時間用と短時間用があればいい。通勤・通学など長時間のものは有料、買物など短時間のものは無料がよいと思う。
・歩道を広くして、自転車用と歩行者用をつくってほしい。
・駐輪場に関してスーパーなどとのタイアップすることはできないか。
・自転車に対する規制より駐輪場を早くつくる方が重要だ。
・駐輪場はなるべく駅の近くにつくってほしい。
・駐輪のマナーを自転車教室などで啓蒙してほしい。

今回の体験は、杖を使用する高齢者の体験でしたので、車いすの利用者などに対するバリアに関してはアンケートの中にあまり出てきませんでした。もちろん健常者の擬似体験による意見よりも実際に高齢者たちの声を聞くべきではありますが、このような体験・調査によって一般の人たちが路上での高齢者の状況を理解し、日々の生活の中で心のバリアを取り除いていくことも大切なことなのです。

三　道のバリア

バリアを感じるのは高齢者だけではありません。身体の不自由な人も、健常者といわれる人も、自転車に乗っている人も、自動車を運転している人も、みんなが道のバリアを感じているのです。これまでもいろいろなところで道のバリアについて意見が出されていますが、その中には次のようなものがありました。

〈車いすを使用している人の意見〉

・横断歩道前の歩車道境界ブロックや商店などの入口の段差が大きいと進めない。
・坂道や急なスロープは進みにくい。
・歩道の横断勾配によって車輪がとられ、真っ直ぐ進むのが難しい。
・歩道切下げなど、歩道での大きな横断勾配は横に倒れそうで危険だ。
・歩道切下げが連続していると、歩道が波打っているので進みにくい。
・歩道の幅員が狭いと進みにくい。
・歩道が途切れている所があり、その先は車と一緒で怖い。
・歩道の上の電柱や照明ポール、ケーブルボックスなどが邪魔だ。

写真 2–5　マウントアップが大きくて狭い歩道の切下げは危険だ

・放置自転車や違法駐車している自動車、店の看板などが道を狭くしている。
・排水枡などのグレーチング蓋の溝に前輪が落ちることがある。
・横断歩道の前で信号待ちをする時、歩道の勾配が大きいと、車いすが車道の方に動き出して危険だ。
・インターロッキングブロックなど目地の大きな舗装は振動して進みにくい。
・濡れると滑りやすい舗装がある。
・植樹帯の土が舗装の上に流出して滑りやすくなっていることがある。
・公衆電話の位置が高くて、車いすでは使えないことがある。

写真 2-6　放置自転車が歩道を占拠している

写真 2-7　商品が歩道にあふれて歩けない

写真 2-8　溝の幅が広いグレーチングは危険だ

・公衆電話の下に車いすの膝が入るスペースがないと、電話に手が届かない。
・自動販売機にはコインを入れる場所が高くて手が届かないものがある。

車いす以外の歩行補助用具、例えば松葉杖や義足などを使用している肢体の不自由な人、妊婦や乳母車を押しながら歩いている人、子供を抱いたりたくさんの荷物を持って歩いている人、あるいは外見ではわかりにくい病気の人やけがをしている人たちにとっても、段差や歩道のスロープ、横方向の道路勾配などがバリアとなっています。また、高齢者や身体の不自由な人は、歩行速度が遅いため横断歩道の信号や踏切などの時間が短くて怖いという問題や、疲れた時に休めるベンチなどがほしいという声もあります。

〈白い杖を頼りにして歩いている眼の不自由な人の意見〉

・誘導ブロックが途中で切れていると、方向がわからなくなることがある。
・誘導ブロックの分岐点などがわかりにくいことがある。
・誘導ブロックの分岐点で方向の行き先説明がほしい。
・誘導ブロックの上に放置自転車が並んでいるため通れない。
・歩行ライン上に溝の大きなグレーチング蓋があると、溝に杖が落ちることがある。

写真 2-9　視覚障害者誘導用ブロックが放置自転車のために使えない

・点字は手のひらを当てて読むので、案内板が垂直な壁に貼ってある場合には、低い位置では読み取りが難しい。
・文字量の多い垂直な点字案内板は、読むのに時間がかかって腕が疲れる。
・目の不自由な人のための情報案内が少ない。
・ベンチなどの休憩する場所が少ないし、どこにあるかわからない。
・歩道橋などの階段の手すりが一番下の段まで延びていないと不安だ。
・歩道橋の手すりにも十分な点字案内板がないと、不安で渡れない。
・舗装の凹凸が気になる。
・歩車道間に段差がないと、どこからが車道なのかわからないので怖い。
・歩道がなくて車の多い道は怖い。
・長い横断歩道は方向がわからなくなる。
・音で知らせる信号が少ない。
・ほとんどのバス停に音声案内がない。

写真 2-10　歩道橋の手すりが下の段まで延びていないと危険だ

目の不自由な人といえば、全く目の見えない全盲の人を想像しがちですが、光を感じたり、ものの輪郭などを判断できる程度の弱視（ロービジョン）の人も大勢います。眼を矯正することによって路面の色の違いが認識できる人や、視野が狭くて周囲の情報を視覚的に十分捕らえることができない人たちにとっては、薄暗い道路や舗装と見分けにくい誘導ブロック、下地と文字のコントラストがはっきりしない説明板は意味をなさないことがあります。また、目の不自由な人は、視覚以外の感覚を頼りにすることが多く、音や匂いが重要な情報源となることも理解しておく必要があります。

〈耳の不自由な人の意見〉

・自動車や自転車など、後ろから来るものに気が付かない。特に音の出ない自転車が怖い。
・視覚案内板が少ない。
・一見健常者のように見えるため、注意されても気が付かずトラブルになることがある。

耳の不自由な人は、外見だけではわかりません。そのため、例えば自動車の警笛などを無視していると勘違いされてトラブルが起こることがあるのです。

健常者にとっても道のバリア、すなわち歩きにくい道があります。また、自転車で走る場合にも、自動車を運転していても走りにくい道があります。

〈一般の歩行者が感じる道のバリア〉

・歩道のない道で自動車の走る速度が速すぎる。
・幅員の狭い道を大型車が通ると、歩けないことがある。

・車が歩行者通行部分に駐車していると、車の走る道の中央部分を歩くことになり危険だ。

・放置自転車や店の看板などが歩道を狭くしている。

・狭い歩道を自転車が走る。

・雨の日に滑りやすい舗装がある。

〈自転車に乗って感じる道のバリア〉

・自転車専用の道路がないので、車道を走ればいいのか、歩道を走ればいいのかわからない。

・歩道は人が多く、狭くて走りにくいことが多い。

・車道を走るのは、車がすれすれに追い越していくので怖い。

・車道は違法駐車が多く、危険で走りにくい。

・駐輪場がわかりにくく、また不便な所にある。

・ちょっとした買物などの場合は、店先に自転車を停めたい。

〈自動車に乗って感じる道のバリア〉

・駐車場の場所がわかりにくい。

・駐車場が少なくて、料金が高い。

写真 2−11　歩道のない狭い道路は危険だ

・車道を走る自転車が交通ルールを守らないので危険だ。
・横断歩道でない所を横断する人がいる。
・歩道のない狭い道が多くて危ない。
・交通標識がはっきりしない所がある。

　身体の不自由な人もそうでない人も、そして自転車や自動車の運転者も道の使用者であることも考えれば、このようなバリアをすべて取り除いてこそ本当のバリアフリーの道づくりということになります。しかし、施設を改善するだけでこれを実現するのは難しいことです。ある時には、どちらかが我慢をしなければならないことがあるでしょう。その時は、相手の状態を考えて思いやりの気持ちを持って対応しなければなりません。「心のバリアフリー」が大切なのです。

四　バリアは心の中にある

「ノーマライゼーション」という言葉があります。もともとは北ヨーロッパの障害者福祉の中から生れてきた考え方であり、手法です。これまで、高齢者や身体の不自由な人たちなど社会的弱者が正常（ノーマル）なものではないという考え方に立って彼らを社会から隔離する傾向にあったことを反省して、むしろ一定の弱者が存在することこそ正常な社会であるという考え方のうえに立ち、弱者に対する福祉を進めていこうとするものです。そこには、何らかのハンディキャップを持っている人たちに対しての差別や偏見、「保護」という名のもとに「隔離」することが当然だという考え方があってはなりません。

現在の日本では、目や耳、手足などのいずれかが不自由な人が全人口の２％を占めています。また、世界でも例のないほどの速度で高齢化社会に突入しつつあり、先にも述べましたが、２０１５年には人口の４人に１人が６５歳以上の高齢者となるといわれています。このようなハンディキャップを持つ人たちが安心して暮らしていける「街づくり」を行うためには、単にバリアフリー化された道路や建物などを整備するのではなく、高齢者や身体の不自由な人も含めて、一人ひとりが地域社会の一員として等しく自立できる社会に変えていこうという気持ちを育てていかなければなりません。

大切なことは、何らかのハンディを持っている人も社会の中で生活している人としての権利を認めることであり、「施設」などに押し込めるのではなく、社会の中で生きていきたいという自分の意思を大切にして社会に働きかけていき、社会がその意思を実現できるように支援をするということだと思います。

交差点にある段差の前で車いすが進めなくて困っている時は、近くで気が付いた人がちょっと声をかけて手を差しのべれば、そこで段差というバリアは解消されます。しかし、手を差しのべる方に「かわいそう」とか「かばってやる」という気持ちがあってはいけません。それでは自分の方が上だという意識が残っていることになります。一方、手を差しのべられた方にも、「自分は劣っている」とか「恥ずかしい」という気持ちがあってはいけません。手を差しのべる方も、差しのべられる方も対等な人間関係をつくるために考え方を改めていかなければなりません。これが「心のバリアフリー」です。

北ヨーロッパの国々はバリアフリー化が進んでいるといわれていますが、実際には歴史的な建造物などの入口は階段のままで、車いすが自力で中に入れない所も多いのです。しかし、必ず周りの人が手助けして中に入

写真 2–12　歩道に乗り上げて駐車する自動車が多い

写真 2–13　歩道の舗装が仮復旧のまま放置されている埋設工事の跡

れてくれます。そして困っている人を手助けするための用具や施設も用意されています。「心のバリアフリー」教育がいきわたっているのです。

同じ人でもその時の立場や状況で、他人の行為に対する感じ方が異なります。例えば、歩いている時はスピードを出して走る車は危険だと感じても、自分が車を運転している時には速く走るために歩行者が邪魔だと感じてイライラします。この自己中心的な考えをやめて、他人を思いやる心が大切なのです。心のバリアフリーは、高齢者や身体の不自由な人だけに向けられるものではないのです。

歩道の視覚障害者誘導ブロックの上にたくさんの自転車や荷物などが放置されています。歩行者は狭くなった歩道をやっとの思いで歩き、乳母車も、車いすも前に進めません。白線で区画された歩行者のための路側帯の上や、車道より一段高い歩道の上に片方の車輪を乗り上げて自動車が駐車しています。水道管などの埋設工事のため掘り返した舗装の復旧跡の段差が放置されています。車いすや乳母車の車輪より幅の広い穴のあいているグレーチング溝蓋が道路を横断しています。交差点で一旦停車せずに急に飛び出してくる自転車があります。誘導用ブロックを頼りに進むと、とんでもない所に行くことがあります。舗装と同じ色の誘導用ブロックが使われていることがあります。

このような路上のバリアは、自分さえよければ他人のことは

写真 2-14　舗装と同じ色の視覚障害者誘導用ブロックは見えない

考えなくてもよい、形だけバリアフリーになっていればよいという、自己中心的な気持ちから発生します。目の前に困っている人がいなくても、自分の行為や怠慢によって困る人がいることを考えなければなりません。バリアフリー化のためにエレベーターやエスカレーターの設置、誘導用ブロックの設置、点字の案内板などを設置するにしても、あればよいというのではなく、それを利用する人がどのような使い方をするのかを想像して、利用しやすい形で設置しなければ意味がないのです。

施設のバリアフリー化をいくら進めても、すべての人を満足させるのは難しいことです。施設の整備を進めると同時に、相手を理解し思いやる心、「心のバリアフリー」教育を進めることが大切なのです。

足の弱っている人、車いすを利用している人、眼の不自由な人、耳の不自由な人など、それぞれが道を移動するためにどのようなことが障害になるのかをよく理解し、自然に声をかけて、あるいは肩を叩いて手助けができる、声をかけられた方も自然にこれを受けることができる、それが「心のバリアフリー」であり、施設のバリアフリー化を進めるうえでも、この心を忘れてはならないのです。

多くの人は、高齢者や身体の不自由な人たちに対して悪意に満ちた偏見や差別を持っているわけではありません。身体の不自由な人たちとの接触がない、あるいは少ないために、彼らがどんなことを考えているのか、彼らとどう接したらよいのかわからないというのが実際だと思います。だから街で身体の不自由な人が困っているところを見てもどうしたらいいのかわからず、無視したり、避けて通ったりしてしまうのです。

夏目漱石だったと思いますが、ある学生がいつも自分の前で懐手をしていることに対し、礼儀を知らないと怒ったことがあったそうですが、後で、その生徒は片腕がなかったということを知り、自分の非礼を謝って、以後そのような過ちを犯さないように注意していたという逸話があります。

歩いている人を自転車で追い抜こうとしてベルを鳴らしても避けてもらえず、腹を立てることがあります。

でも耳が聞こえない人なのかもしれません。ベルには気が付いても、身体を自由に動かせないのかもしれません。

エスカレーターの右側（大阪の場合は左側）に立って、前をふさいでいる人がいると、「マナー違反だ」と思うことがあります。でも、この人が右腕をベルトに預けないと立っていられないのかもしれません。いつも相手の状態を考えながら、思いやりを持って人に接したいものです。

「バリアフリー」や「福祉」という言葉の裏には、特別な人のために特別に対応するという考え方が見え隠れし、対応される側から見ると屈辱感や差別感が感じられるともいわれています。これまで身体の不自由な人たちを社会から隔離してきたという歴史がある日本では、北ヨーロッパの国々のように高齢者や身体の不自由な人が、いつも周りの人たちの自然な助けを借りながらバリアのある街を歩くことは難しいことかもしれません。ハードウエアとしての道路のバリアフリー化がどんなに進んでも、安全で快適な道をつくるのは難しいと思います。だからこそ道のバリアをできるだけ取り除くことが必要なのです。バリアが取り除かれた街、高齢者や身体の不自由な人たちが何の苦労もなく道を移動することができ、休みたい時は休めるベンチがあり、一人で乗れるバスが走る、そんな街ができることによって、たくさんの身体の不自由な人たちも街に出られるようになるのです。そして彼らが街でたくさんの人と接することにより、お互いの理解が進み、その結果、高齢者や身体の不自由な人とそうでない人との間の壁、すなわち心のバリアが取り払われることになります。道のバリアフリーと心のバリアフリーが自然な形で絡み合い、安全で快適な道ができていくのです。

3 安心して歩ける道をつくるために

一 道のバリアフリー・デザイン

高齢者や身体の不自由な人に対するバリアを一つひとつ取り除いていくという意味の「バリアフリー」の考え方をもう一歩進めた「ユニバーサルデザイン」という概念があります。これは今あるバリアを取り除くのではなく、初めからバリアのない、誰でもが使いやすく、使い方のミスが少ないデザインを目指すものです。身体の不自由な人たちのために「道のバリア」を取り除くのではなく、身体の不自由な人にとっても、健常者といわれる人にとっても使いやすく、あらゆるバリアをなくしたものづくりを最初から考案し、設計し、さらに整備していくという考え方です。人と車が混合して存在する道路にあっては、歩行者に対するバリアをなくすことが車に対するバリアをつくることになり、反対に車に対するバリアをなくすことが歩行者に対するバリアをつくることになることもあります。車を運転しているのも人間だということを考えると、道路におけるユニバーサルデザインの適用は難しいことのように思われますが、お互いに少しの我慢をすればこれも可能であり、基本的にはユニバーサルデザインを目指した道づくりを進めていかなければなりません。

高齢者や身体の不自由な人に対してもそうでない人に対しても、バリアのない道をつくるためには、まず車に対する歩行者の安全を確保し、安心して歩ける道をつくらなければなりません。

これまでの道づくりは、歩行者のバリアを増やしても、車のバリアをできるだけ少なくして、車をスムースに通行させることに力を入れてきました。これでは安心して歩ける道づくりはできません。これからは高齢者や身体の不自由な人たちも含めて、歩行者が自由に街に出て活動できるバリアのない道づくりを考えていかなければなりません。そのためには、住宅地や商店街などの生活に密着した歩行者優先の道づくりと、生産活動のために人や物を運ぶための歩道の付いた歩車道分離の道づくりを、はっきり分けて整備する必要があります。歩行者に危険な思いをさせながら車がスピードを出して通り抜ける生活道路や、歩道が整備されておらず、歩行者がいつも危険にさらされているような幹線道路では困るのです。

生活道路の一部分だけを歩行者優先として、そこから車を排除しても、裏道に車が進入して効果があがらなかった例はたくさんあります。これでは、歩行者優先の道づくりではなく、歩行者が車に脅かされる危険な道が移動しただけにしかなりません。生活街区全体を人間優先のエリアとして計画する必要があるのです。人間が生活をするゾーン（＝コミュニティ・ゾーン）を指定して、この中では歩行者に対するバリアをできるだけ取り除くことが提案されています。ゾーンの中では車に対するバリアは増えますが、ここでは車に少し我慢をしてもらわなければなりません。

コミュニティ・ゾーンの外側では、人や物を大量に運ぶための車が通る幹線道路が走ります。幹線道路は車をスムースに走らせなければなりませんから、歩行者は車道から分離された歩道を歩き、横断歩道を注意しながら渡らなければなりません。ここでは歩行者が少し我慢をしましょう。しかし、歩道や横断施設も安心して移動できるようにバリアフリー化を進めなければなりません。

道のバリアは、次の3つに集約することができます。

① 移動する時に生じるバリア：路面の段差、道路の横断、長距離の歩行などで生じるバリア。

② 情報を受ける時に生じるバリア：移動経路や位置の確認、案内情報の認知などで生じるバリア。

③ 施設・設備を使う時に生じるバリア：トイレ、公衆電話などの設置と使いやすさで生じるバリア。

バリアの大きさは、道を利用する時の状況や利用者の不自由の程度あるいは種類などによって異なりますが、それぞれの利用者にとって制約となるバリアは、次のように考えられます。

・高齢者（歩行が困難な場合、視力が低下している場合、聴力が低下している場合）

移動に関するバリア：制約あり。

情報に関するバリア：制約あり。

施設・設備に関するバリア：制約あり。

・肢体の不自由な人（手動車いすを利用している場合、電動車いすを利用している場合）

移動に関するバリア：大きな制約あり。

情報に関するバリア：特に制約なし。

施設・設備に関するバリア：制約あり。

・肢体の不自由な人（杖などを使用している場合、長時間の歩行や階段などの昇降が困難な場合）

移動に関するバリア：制約あり。

情報に関するバリア：特に制約なし。

施設・設備に関するバリア：制約あり。

・病気の人（長時間の歩行や立位が困難な場合、酸素の補給などが必要な場合）

移動に関するバリア：制約あり。

情報に関するバリア：特に制約なし。

施設・設備に関するバリア：制約あり。

・目の不自由な人（全盲の場合、弱視の場合）

移動に関するバリア：大きな制約あり。

情報に関するバリア：大きな制約あり。

施設・設備に関するバリア：制約あり。

・耳や言語が不自由な人（全ろうの場合、難聴の場合、言語が不自由な場合）

移動に関するバリア：特に制約なし。

情報に関するバリア：大きな制約あり。

施設・設備に関するバリア：特に制約なし。

・物事の判断や処理がうまくできない人

移動に関するバリア：特に制約なし。

情報に関するバリア：大きな制約あり。

施設・設備に関するバリア：特に制約なし。

・外国人（日本語が理解できない場合）

移動に関するバリア：特に制約なし。

情報に関するバリア：大きな制約あり。
施設・設備に関するバリア：特に制約なし。

・一般の人（重い荷物を持っている場合、妊産婦、乳幼児を連れている人の場合）
移動に関するバリア：制約あり。
情報に関するバリア：特に制約なし。
施設・設備に関するバリア：制約あり。

道のバリア対策を考えるにあたり、まず自分が住んでいる街や通勤・通学の道筋がどのくらいバリアフリー化されているか（街のバリアフリー度）を実際に調べてみるといろいろなことがわかってきます。バリアフリー度の調査に先だって町の地図を用意し、自分なりに判定できるチェック項目を決めましょう。チェック項目には、例えば次のようなものがあります。

① 道路の車道と歩道が縁石やガードレールなどではっきり区別されているか。
② 歩道に視覚障害者用誘導ブロックがあるか。
③ 車いす使用者のバリアになるような段差はないか。
④ 歩道に、電柱、看板、放置自転車などのバリアがないか。
⑤ 車いすで利用できる公衆電話があるか。
⑥ 車いすで利用できる公衆トイレがあるか。
⑦ 横断歩道に信号があるか。

このほかにも気の付いたチェック項目を考えましょう。項目が決まったら、実際に街を歩いて調査し、その結果を地図の上に落とします。これであなたの住んでいる街の「バリアフリーマップ」ができ上がります。私の住んでいる街では、放置自転車が多いこと、通り抜ける車がスピードを出しやすい道路があること、そして公衆トイレがないことなど、普段気が付かなかったことがわかりました。これを持って、道のバリア対策を考えみましょう。

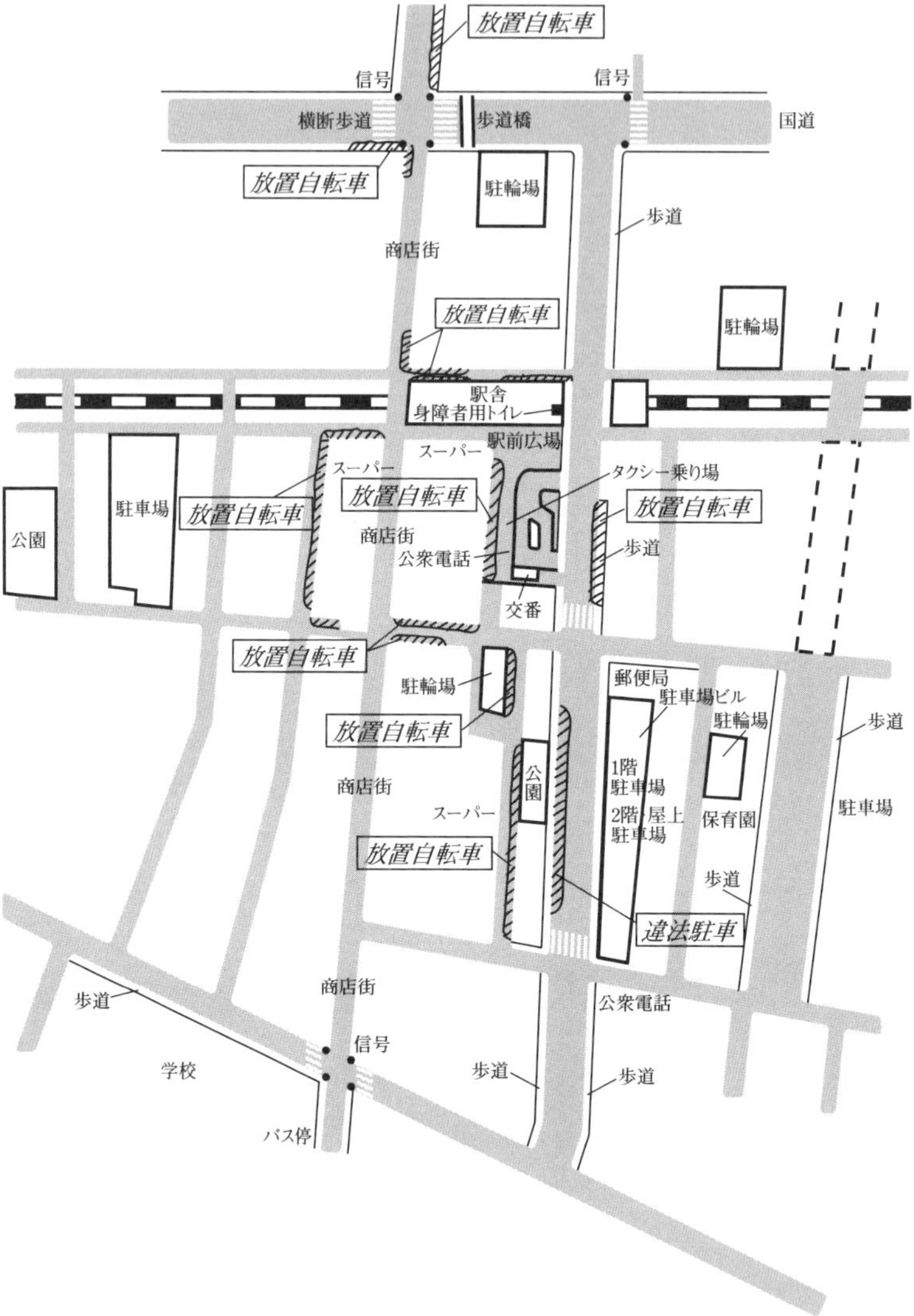

地図をつくって気が付いたこと
① 放置自転車が多く歩きにくい。
② 街に公衆トイレがない。
③ 歩道のある広い道路は、生活エリアを通過するだけの車がスピードを出して危険。

図 3-1　私の住んでいる街のバリアフリー度（例）

二　歩道の有効幅員

道は、「自動車専用道」、「歩車分離の道」、「歩車共存の道」、「歩行者専用道」の４つに分けられますが、これに自転車交通も含めて考えると、「自動車専用道」、「自転車専用道」、「歩行者専用道」というそれぞれの専用道のほかに、同じ道路の中で「車道、自転車道および歩道がそれぞれ分離されている道路」と「歩道と分離された車道の中に自転車が走るスペースを設けている道路」、「車道と分離された歩道の中に自転車が走るスペースを設けている道路」があり、それに加えて「自動車と歩行者そして自転車が同じスペースを共存する道」の７つに分類されます。

道のバリアは、道幅が狭すぎるのが原因といわれることが多いようです。では、それぞれの道路の幅員はいくらあればよいのでしょう。

『道路構造令』では、道路の種類や交通量、地形によって道路を区分していますが、それぞれの区分によって車道の車線幅員、自転車道の幅員、自転車歩行者道、そして歩道の幅員が示されています。自転車歩行者道とは、『道路構造令』において「専ら自転車及び歩行者の通行の用に供するために、縁石又はさくその他これに類する工作物により区画して設けられる道路の部分をいう」（第２条の３）と定義されているものです。

高速道路などの自動車専用道路は別として、車道と歩道が分離された歩車分離道路の幅員はどうでしょうか。一般に歩車道が分離されている道路における車道の幅員は最も狭い第三種第４級の道路でも２・７５mとなっており、、自転車の進入を考えなければほぼ問題がないと思います。自転車は『道路交通法』では「軽車両」に分類されていますから、原則としては車道を走ることになっているのですが、車道の中に特別自転車が走るスペースがあるわけではなく、車線の中を走らざるを得ません。車道と分離された自転車道があれば問題はありません。その場合の自転車道の幅員は２m以上と規定されているのです。なお、自転車は条件付きで歩道を走ることができますが、詳しくは「七　自転車走行スペースと駐輪場」で記述します。

『道路構造令』には、自転車道、自転車歩行者道、歩道の幅員が定められていますが、これらを決めるための道路利用者の基本的な寸法は、次のとおりです。

・人（成人男子、荷物などなし）
　静止状態：幅45cm、通行時：幅70～75cm
・自転車
　静止状態：幅60cm、通行時：幅100cm
・車いす
　静止状態：幅70cm、通行時：幅100cm
・杖使用者（松葉杖2本使用）
　静止状態：幅90cm、通行時：幅120cm
・シルバーカー（電動車いす）
　静止状態：幅70cm、通行時：幅100cm

歩道が狭いといわれる原因の一つは、歩道に自転車が入ってくることにあります。したがって、自転車が入らない歩道の場合と自転車歩行者道の場合とでは、歩道に必要な広さが大きく異なります。

歩道と分離された自転車道が設置されている場合は、歩道を通るのは歩行者のほかに、車いすや乳母車などだけですから、これらがすれ違うことができるスペースがあればよいことになります。

すれ違いスペースの幅や快適に進むための余裕のとり方は、交通量や商店街と住宅街の違いなど、道の性格も考慮して決めなければなりません。車いす同士のすれ違いがないと考えれば、歩行者空間の最低必要幅員は、歩行者の占有幅（７５cm）と車いすの占有幅（１００cm）に安全余裕分を加えて２・０m程度になりますが、車いす同士がすれ違うことを想定すると、それぞれの占有幅に安全余裕分を加えなければなりません。車いすが前方の歩行者や別の車いすとすれ違うために回避する横のスペースは３０～３５cmが最も多かったという調査報告もあり、すれ違い箇所での有効幅員はおおよそ２・５m程度は必要だと考えられます。植栽などのためにすれ違うスペースが連続してとれない場合に確保しなければならないすれ違いスペースの長さは、「車いす利用者がこれ以上歩行者が近づくと危険だと感じた距離を調査した結果、４０～２００cmの間が多かった」という報告もあり、車いす自身の長さを考慮すれば少なくても３・０m以上は必要であると思われます。

歩道に自転車が入ってくる場合はどうでしょうか。自転車の速度と歩行者の速度は大きく違います。歩行者の一般的な速度は時速３～５kmほどですが、自転車の速度は時には時速１５～２５kmほどになることがありますから、自転車が走るスペースと歩行者のスペースは分離しなければ危険です。自転車１台が走るには少なくても１・０mの幅員が必要であり、自転車のすれ違いを考えると、自転車専用スペースの幅は２・０mとなり、歩行者専用スペースの２・５mに２・０mを加えると４・５mほどのスペースが必要ということになります。

自転車の専用スペースをとる余裕がないため歩行者と同じ空間を共有しなければならない場合でも、自転車通行分として歩道に１・５m程度の拡幅（合計で４・０m）が必要であり、この場合、歩行者に危険のないように自転車の速度を制御し、時速１０km（１秒間に２・８

表 3-1　望ましいと考えられる歩道の有効幅員

歩道の使用条件	望ましい有効幅員	備考
自転車道が別に整備されている歩道	2.5 m 以上	自転車が入らない。
自転車と歩行者がスペースを共有する歩道	4.0 m 以上	自転車の速度を規制することが条件。
自転車の走行スペースを設けてある歩道	4.5 m 以上	

ｍ程度の速さ）以下に規制する必要があります。標識などによる速度規制と同時に、自転車の速度を制御するために柵などを路上に設置する必要がありそうです。

狭い歩道の街路樹や電柱などの施設を歩車道境界のガードレール側に集めて有効幅員を広げたところ、最初は車いすや乳母車も通りやすくなったと喜ばれましたが、しばらくすると自転車がスピードを出して通り抜けるためにかえって危険になったといわれている例もあります。歩行者と自転車が同じ空間を使用する場合には、自転車の走行速度を規制する必要があるのです。

積雪地帯では、車道や歩道の除雪した雪を植樹帯なども含めた歩道の車道側に堆積することが多く、『道路構造令』では、積雪地帯での幅員構成として「冬期歩道の幅員は１・５ｍ以上確保できるように計画することが望ましい」と定めていますが、実際車いすのすれ違い幅なども考えると、少なくても２・０ｍ以上の確保が必要と考えられます。

歩行者通行部分の幅員を確保するためには、歩道内にある電柱や街頭、標識類、植樹桝やその他の占用施設の整理統合、電線類の地中化のほか、車道側への拡幅や建物の一階部分のセットバックなどが考えられますが、それぞれの道路事情などを考慮して実施しなければなりません。

三　歩行者にやさしい路面

滑りやすい舗装や凹凸の大きな舗装も、道のバリアとなります。

㈳日本道路協会発行の『アスファルト舗装要綱』では、歩行者系道路舗装の「表層は、歩行者等の安全のため、十分なすべり抵抗性を有するものとする」として、「すべり抵抗値は一般に平坦な場所ではＢＰＮで４０以上（湿潤状態）が望ましい。坂路等では、路面の排水等も含めて対策を施すことがのぞましい」とされています。

ＢＰＮとは、イギリスの道路研究所が開発した振り子式のすべり抵抗試験機（Portable Skid Resistance Tester）による測定値のことで、数値が大きいほどすべりにくい舗装ということになります。

一般に舗装は、乾いている場合より濡れている場合（湿潤状態）の方がすべりやすくなり、また速度によっても異なります。

一般のアスファルト舗装では、湿潤状態でのＢＰＮが４０未満になることはほぼありませんが、コンクリート系のカラー平板を磨いてつくられたテラゾーブロック舗装や、表面が平滑なタイル舗装、表面磨き出しの天然石ブロック舗装などは、湿潤状態でのＢＰＮが４０以下になることがあるので注意しなければなりません。なお、平成１２年１１月１５日建設省令第４０号『重点整備地区における移動円滑化のために必要な道路の構造に関する基準』では、「歩道等の舗装は、雨水を地下に円滑に浸透させることができる構造とするものとする。ただし、道路の構造、気象状況その他の特別の状況によりやむを得ない場合においては、この限りでない。歩道等の舗装は、平たんで、滑りにくく、かつ、水はけの良い仕上げとするものとする」と示されています。車いすなどが移動しやすいように排水勾配を小さくしても、透水性舗装にすることによって水溜りができにくくなるので、歩行者用道路の舗装には透水性舗装を使用することにしているのです。

舗装の凹凸がひどいと、車いすなどが進みにくく、あるいは走行時に振動するため、利用者が気分を悪くすることがあります。舗装の凹凸は、ひび割れなど破損の場合のほかに、舗装材料の特性によって起こることも多いようです。例えば、最近歩道の舗装として使われることが多いインターロッキングブロックは、９cmほどのブロック幅に対して目地の凹み幅が２cmほどのものがあり、車いすの走行に支障をきたすことがあります。また、通称ピンコロと呼ばれる小舗石や目地幅の広いタイル舗装、コンクリートの中の小砂利を表面に浮き出させた洗い出し舗装などの表面の凹凸も同様な問題があります。舗装の凹凸が車いすの走行に支障をきたすかどうかについては、自転車で走ってみてもある程度の判断はできます。

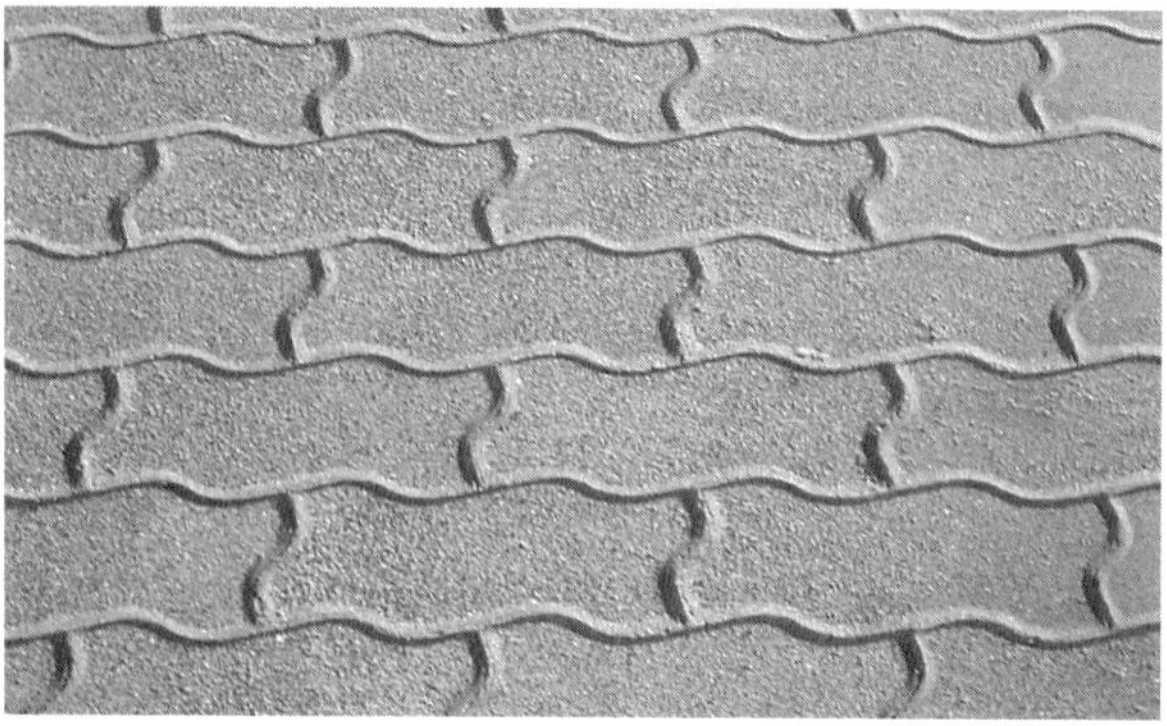
写真 3-1　インターロッキングブロック舗装の表面

写真 3-2　小舗石（ピンコロ）舗装の表面

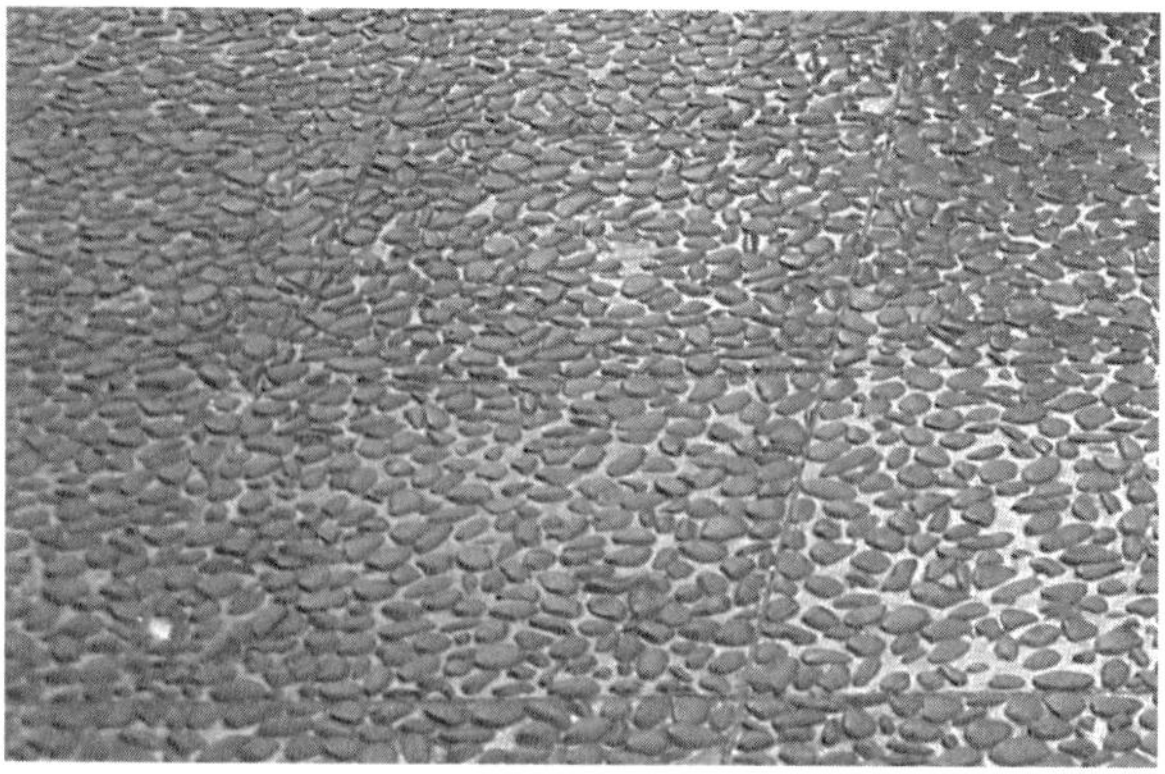
写真 3-3　洗い出し平板舗装の表面

凹凸のある舗装材料は、道路景観を向上させる目的で開発されたものが多いのですが、ブロックの表面の角（面）を小さくして、目地はできるだけ狭くするなどの工夫が必要です。洗い出し舗装のように表面自体に凹凸がある舗装は、砂利のサイズをできるだけ小さくする必要があるようです。

一般のアスファルト舗装でも住宅街などの交通量の少ない歩道のない道路では、施工後5年以上過ぎると、表面が劣化して粗くなり、車いすの移動に支障をきたすことがあります。これは車道と同じように骨材の最大粒径が２０㎜のアスファルト混合物を使って舗装していることも原因の一つで、歩道の舗装には骨材の大きさが最大粒径１３㎜、あるいは5㎜のきめの細かい混合物で舗装すれば比較的劣化も遅くなり、劣化しても表面はそれほど粗くはなりません。舗装を新設する時はもちろんのこと、埋設工事などで舗装の一部を復旧する場合でも、舗装材選定には十分な配慮が必要です。

写真 3-4　劣化して表面が粗くなったアスファルト舗装

路面には舗装以外にもマンホールや排水桝、区画線などによる凹凸があります。鋳鉄製のマンホールの蓋には凹凸が大きかったり、濡れると滑りやすいものもあるので設置する位置や形状、材質などに注意しましょう。施工時にはこれらの構造物と周辺舗装との取り合いの平坦性に留意し、また施工後の交通荷重によって舗装面が沈下しないように念入りな施工が必要です。

写真 3-5　車いすの前輪や杖が入り込まないように、溝の幅を狭くしたグレーチング蓋

区画線は、濡れると滑りやすいことがありますから、表面に滑り止めの処置が必要であり、また歩行する部分ではあまり幅を広くしないように注意が必要です。排水溝や枡の蓋に使われるグレーチングは、車いすの車輪や目の不自由な人の白杖、あるいは細いハイヒールなどがはまり込むことがありますので、できるだけ道路横断部など歩行者通行部分には設けないようにしなければなりません。やむを得ない場合には、溝の幅を9㎜以下に細かくする必要があるようです。

車いすだけでなく、目の不自由な人や一般の利用者にとっても凸凹の多い道路は歩きにくいものです。狭い歩道を横断して車が乗り入れるための歩道切下げ、街路樹の根の浮き上がり、下水やガスなどの埋設管工事による舗装の復旧跡の段差はできるだけなくさなければなりません。道路の下には、水道や下水道、ガス管、電線、電話線などが埋設されていますが、舗装面の凹凸を少なくするためには、これらの新設あるいは維持修繕工事をバラバラにせず、キャブ(ミニ共同溝)などを利用して同時にまとめて行うことによって舗装の復旧は全面を一度に行うことが必要です。埋設工事を集中して一度に行うことは、道路工事による交通渋滞を少なくすることにもなります。

積雪の多い地方では、除雪した大量の雪を処理することができずに歩道側に積み上げます。建物の玄関前だけは除雪されますから、歩道は雪の山の連続となり、歩行者は踏み固まって凍った路面を危険な思いをしなが

写真 3-6　凍結して危険な雪道

ら歩くことになります。当然、車いすを使用する人など身体の不自由な人は外出できない状況になります。これは大きなバリアです。このバリアを取り除くために消融雪が必要であり、各地でいろいろな方法が工夫されています。冬でも温度が下がらない地下水や、温泉地では温泉水を路面に流して雪を溶かす方法、舗装の中に電気による発熱体を埋め込んで雪を溶かす方法などが実施されています。これらの方法は、従来は車道に使われていることが多かったのですが、歩道や歩道のない生活道路にも使用していかなければなりません。

四　歩行者空間の段差と勾配

歩道などの歩行者空間における段差や勾配は、車いすや高齢者などにとって移動の障害となります。横断歩道手前における歩道の勾配や段差、切下げ部などの歩道の局所的な勾配、歩車道境界の高さなどについては、『歩道における段差及び勾配等に関する基準』（建設省都市局長・道路局長通達）に規定されていますが、高齢者や身体の不自由な人の道路利用を考慮し、土木研究所における実験結果を参考にして１９９９年に次のように改定されています。

①　歩道の縁石の高さは、歩行者などの安全な通行、沿道の状況などを考慮し１５㎝が標準とされている。なお、安全性を高める場合には高くしたり、逆に防護策などにより安全が確保できる場合には低くすることができる。また歩道面の高さは、車道面と縁石高さとの間で、地域の実情に応じて決定する。

②　歩道巻込み部や車両乗入れ部（歩道切下げ部）など、歩道に局所的な勾配が生じ、なおかつ歩行者がその場所を通行する場合は、次の規定に従う。

・歩行者の進行方向には５％以下の勾配とする。ただし、沿道の状況などによりやむを得ない場合は８％以下の勾配とする。

・歩行者の進行方向と直角方向には２％以下の勾配とする。

③　歩道では、車いす使用者などの安全な通行を考慮して、原則として１ｍ以上の平坦部分を連続して設けることとされている。ここで平坦部分とは、横断勾配を２％以下とする部分である。この規定は、⑤の車両乗入れ部が設置される場所での歩行者の通行を実現するためのものである。

④　歩行者が通行する部分の勾配は②のとおりである。歩道と車道との段差は、車いす使用者の通行性と視覚障害者の歩車道境界の識別性とを考慮し、２㎝とされた。また、勾配部分と段差との間には、車い

す使用者が停止できるスペースとして、1・5m程度の延長を持つ空間を確保するものとされている。

⑤　歩行者が通行する部分の勾配は②のとおりである。自動車が乗り入れる部分の勾配や段差は、自動車の性能を考慮して値を定めることになる(図例では、勾配を15%以下としており、特殊縁石を用いる場合は10%以下としている)。歩道の幅員によっては、歩道全体にわたって切り下げる場合も生ずる。

横断歩道前の歩車道境界における段差は2cm以内とされています。段差を付けるのは、目の不自由な人が歩車道境界であることを認識できるように配慮したものです。しかし、歩車道境界の段差が大きいと、車いすや高齢者にとってはバリアとなることもあり、どれだけの段差にすればよいのか、歩車道境界縁石の形状も含めて研究が進められています。いろいろな形状の縁石で試験を行った結果、縁石の高さは2cmしかなくても縁石の前面を1対8の勾配に切って滑り止め用の溝を付ける方法や、段差を1cmとしてゴム製の縁石を使用する方法などがよかったという報告もあります。段差が2cmしかなくても、その形状によっては、スピードを出して歩道に乗り上がろうとする自転車が転倒して事故になった例もあり、縁石にはある程度の勾配を付けることが必要なようです。また、弱視の人が舗装や側溝と識別しやすくするために、縁石の前面に色を付けたり、ゴムなどのやわらかい素材で覆ったりしている例も見られます。

歩道には、縁石の天端に合わせて車道より一段高くした「マウントアップ形式」と、縁石の高さに関係なく車道と同一面とした「フラット形式」、そしてその中間にある「セミフラット形式」のものとがあります。マウントアッ

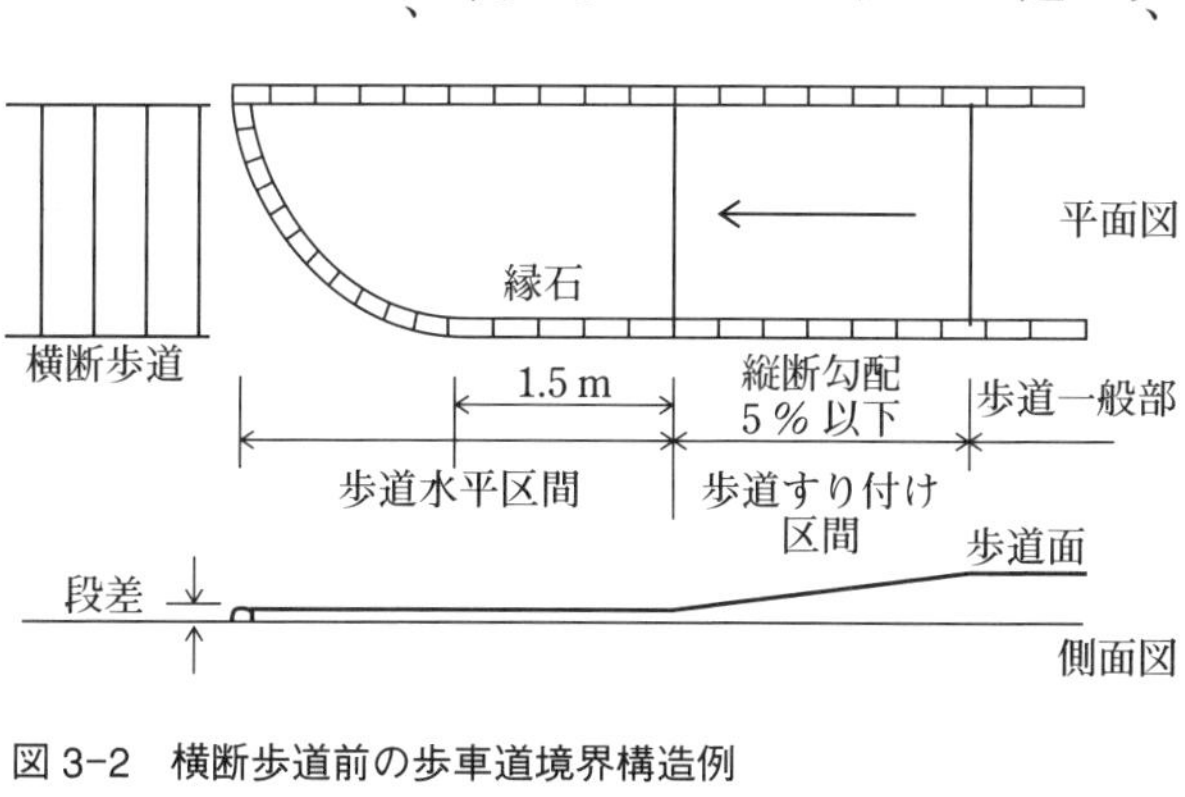

図3-2　横断歩道前の歩車道境界構造例

プ形式の歩道では、横断歩道前や車が民地に乗り入れるための切下げ箇所では歩道の有効幅員が狭くなりますが、マウントの高さが大きい場合にはその影響も大きくなり、特に幅員の狭い歩道では高齢者や車いすなどの移動やすれ違いが難しくなります。またフラット形式の歩道の場合には、目の不自由な人が歩車道境界を認識することが難しかったり、降雨時に歩道に水が溜まりやすいなどの問題もあります。それらの問題を解決し

写真 3-7　横断歩道における歩車道境界の段差

写真 3-8　車いす専用のスロープをつけて段差をなくした横断歩道（ローマ）

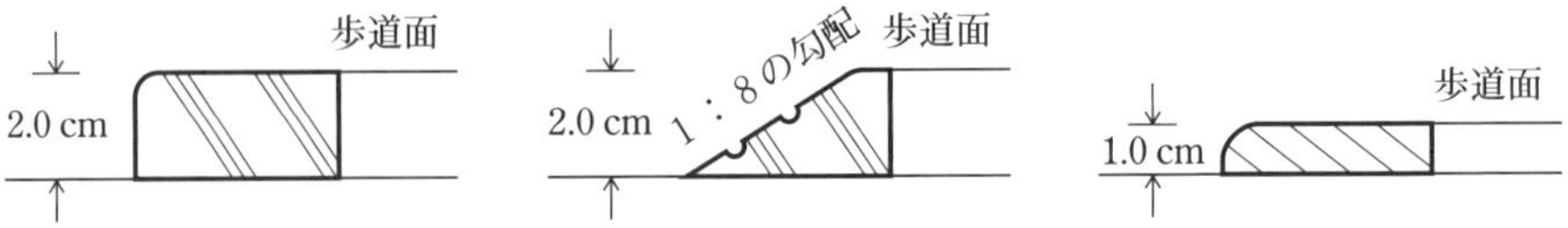

道路構造例による一般的な段差

縁石の勾配を1：8として溝を付けたもの

段差を1 cmとしてゴム製にしたもの

図 3-3　横断歩道前の段差の例

写真 3-9　マウントアップ形式の歩道

写真 3-10　フラット形式の歩道

た

写真 3-11　セミフラット形式の歩道

たのがセミフラット形式の歩道で、歩道の高さは5～10cm程度にとっている所が多いようです。

歩道の排水勾配は、民地側から車道に向かって2％以下とされていますが、横方向の勾配があると、車いすの車輪が低い方にとられて真っ直ぐに進むのが困難になります。したがって歩道の横断勾配は排水性を考慮して1％以下に抑え、できるだけ透水性舗装を採用するのがよいようです。千葉ニュータウンの「いには野」地区などでは、車いすが傾斜を感じないで快適に走行できる勾配として、歩道の排水勾配を1％としています。

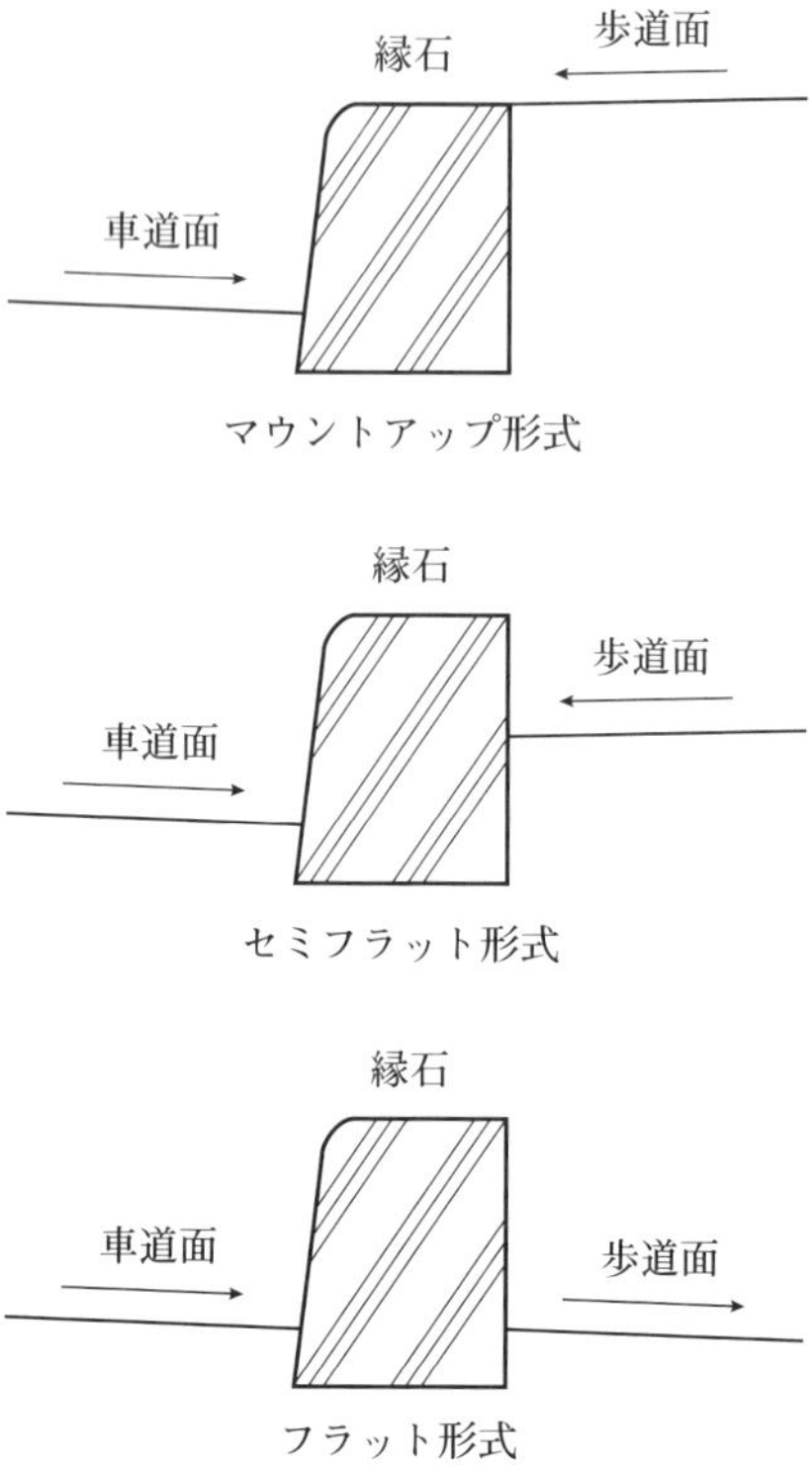

（歩車道をフェンスで分けているものもある）

図3-4　歩道の形式（例）

歩道の切下げ部分での車道から歩道へのすり付け勾配は、建設省局長通達の図例によると、15％以下（特殊縁石を用いる場合は10％以下）となっています。しかし、歩行者の通行部分を1m以上確保することにもなっており、例えば歩道の高さが20cmの場合、歩車道境界の段差を5cmとして15％の勾配ですり付けると、切下げによって歩道幅員を1m削りとることになり、幅員2m以上の歩道でなければ歩道切下げはできないことになります。実際には幅員2m以下の歩道でも切下げが行われている所が多く、歩道の有効幅員が1m以下となるため、すり付け勾配の部分を歩道の一部として使用せざるを得ないことになります。横方向15％の勾配の上を歩くのは、健常者でも困難であり、ましてや車いすを利用している人、杖を使用している人、あるいは目の不自由な人にとっては危険な歩道ということになります。歩道切下げによって残った歩行者の通行部分の幅はできれば2m以上は必要であり、既存の狭い歩道の場合でも1・5m程度の確保が必要です。これが難しい時は、切下げ部分に特殊縁石を用いてすり付けの範囲を少なくするか、切下げ部分の歩道全体を車道と同じ高さに切り下げて、高さのすり付けは民地側で行うなどの工夫が必要となります。歩道の新設、あるいは全面的に改修する場合には、歩車道段差の少ないセミフラット形式を採用するのが望ましいようです。

歩道切下げ部において、民地から車が車道に出ようとする時、車道の交通量が多いため車が歩道をふさいで停まり、それを避けようと車道側すれすれに走った自転車が歩車道境界の縁石を滑り落ちて車道側に転倒するという事故が発生しています。また目の不自由な人が歩道上に停車している車に接触した例もあり、狭い歩道の切下げ部などで車が歩道上に一旦停止することを避けるための工夫が必要です。

歩道上にはこのほかに、ハンドホールや排水溝、あるいは樹木の根が浮き上がってできる段差などもありま

写真 3-12　全面が急勾配となった狭い歩道の切下げ

写真 3-13　歩道の前幅を切り下げている例。特殊な縁石を使って切り下げ、深さを小さくしている

すが、できるだけ段差を少なくするようにしなければなりません。また、高齢者や身体の不自由な人も安心して楽しく街に出られるために、道の段差や勾配を解消すると同時に、公共施設や商店の入口の段差や勾配も解消していくことが必要です。

五　歩行者の誘導

駅前やバス停付近など、道路の要所には、街の様子や目的地へのルートを知るために周辺の地理を示す案内標示が必要です。歩行者用の案内には、目的地への方向やそれに加えて距離などを表示している方向標識板と、地図によって現在地や目的地へ行くルートなどを知ることができる案内板とがあります。案内板には現在位置と、町名や主要な公共施設、あるいは目印となるランドマークなどが明記されますが、さらに車いすや歩行が困難な人のためには、歩道の幅員や勾配、段差の有無、ベンチなどの休憩場所、バス停や交番、さらに車いすでも使えるトイレの場所などの情報も入れて、いわゆるバリアフリー・ルートとして示すものを整備していかなければなりません。

写真 3-14　地図を使った案内標示の例

案内標示は、高齢者や身体の不自由な人を含めて広く一般の歩行者が利用できるものでなければなりませんから、表示は誰でもが利用できるわかりやすいもので、連続性および統一性のあるものが要求されます。高齢者や身体の不自由な人にとって見やすく理解しやすいように標示や設置位置、高さ、文字の大きさや配色などの配慮が大切であり、車いすなどの歩行の障害にならないように設置の仕方にも注意が必要です。

耳の不自由な人は、道がわからなくても人に聞くことができないことがあります。音声案内も聞こえません。一見健常者に見えますが、注意をされても反応がないために無視をしていると誤解を受けることがあります。耳の不自由な人も気持ちよく外出できるように、目に付きやすく、わかりやすい案内標示を系統立てて配置することが大切です。また、簡単な手話は常識として小学校などで教えることも必要なことかもしれません。

高齢者など白内障の人には、標示板の地色と文字の色との組合せによっては文字を認識できないことがあり、地の色と文字や地図などの色のコントラストや明るさにも注意しなければなりません。また、漢字にはふり仮名をしたり、英語あるいはローマ字を併記すると、子供や外国人にとっても有用です。

目の不自由な人のための点字の案内標示は、利用者のわかりやすい場所に設置され、標示の説明も簡単明瞭でなければなりません。しかし、目の不自由な人がみな点字の表示をすらすらと読めるわけではありません。ここはどこなのか、どこにトイレがあるのか、どこに休憩施設があるのか、目的地へはどう行けばいいのかなどを、文字だけではなく、一般の歩行者用案内地図に点字による表示も加えて案内する配慮が大切です。音声による案内も併用できればさらに効果的です。

しかし、過剰な音声案内は街の騒音をさらに助長することにもなりますから、案内が必要な人にだけ提供できるように、利用者が持っている受信機によって音声案内が受けられるものや、必要な所に設置されたセンサーが人の接近を感知して音声案内をする装置などが工夫されています。また、匂いを使った誘導装置の研究も必要です。

点字は手のひらで触って読みますから、点字の案内板を垂直の壁に設置する時はあまり高くなく、さりとて胸よりも低い位置では読みにくいことも認識しておく必要があります。垂直の案内板は、案内文が長いと読むのに腕が疲れますから、文章は簡潔にわかりやすく、さらに上から触れるように標示面を傾斜させるなどの工夫も必要です。また直射日光で案内板が熱くなったり、冬は冷たくならないように板の素材にも配慮することが大切です。

案内標示によって、身体の不自由な人のための施設がどこにあるのか、危険な所はないか、目的地に自分一人で行ける道筋はどこかなど、必要な情報を得ることができれば、高齢者や身体の不自由な人も積極的に街に出ることができるのです。

目の不自由な人の誘導には、点字による案内板のほかに誘導用ブロックがよく使われています。視覚障害者誘導用ブロックには、凹凸のある黄色い平板ブロックが使われています。凹凸は全盲者を誘導するためのもので、利用者以外の人が不意に踏んでもつまずかない形状に工夫されています。

ブロックの色は多くの場合、黄色が使用されていますが、黄色が選ばれたのは一般の舗装の色との明度の差が大きく、警告色としてよく使われている色であるため、弱視の人が周囲の舗装と識別できるように配慮したものです。また、高齢者など足の不自由な人が突起につまずかないように警告する意味もあります。よく舗装の色に合わせた誘導用ブロックが使われていることがありますが、これでは弱視者への配慮がなされていないことになります。視覚誘導用ブロックは、目の不自由な人が足の裏の感触や、周囲の路面との色の相違によって歩行位置や歩行の方向を認識できるように工夫されているのです。千葉ニュータウンのいには野では、蓄光材をはめ込んだ視覚障害者誘導用ブロックも使用しており、弱視の人などの夜間の誘導用としています。

視覚障害者誘導用ブロックには、細長い台形断面の突起が並行する線状に並んだ「線状ブロック」と、円形の点状突起によって段差や障害物、分岐点などの警告あるいは注意を促す「点状ブロック」の2種類があります。突起の高さは、ほぼ5㎜程度となっています。

誘導用ブロックの設置については、１９８５年に『視覚障害者誘導用ブロック設置指針』が建設省都市局街路課長・道路局企画課長通達によって制定されていますが、ブロック設置について、次のようなことが示されています。

①　視覚障害者用ブロックは、視覚障害者の利便性の向上を図るために、視覚障害者の歩行上必要な箇所に、現地での確認が容易で、しかも覚えやすい方法で設置するものとする。

②　視覚障害者用ブロックは、歩道（自転車歩行車道、立体横断施設、横断歩道の途中にある中央分離帯などを含む）上に設置するものとする。

③　線状ブロックは、視覚障害者に、主に誘導対象施設などの方向を案内する場合に用いるものとする。

写真 3-15　目の不自由な人の移動を誘導する線状ブロック

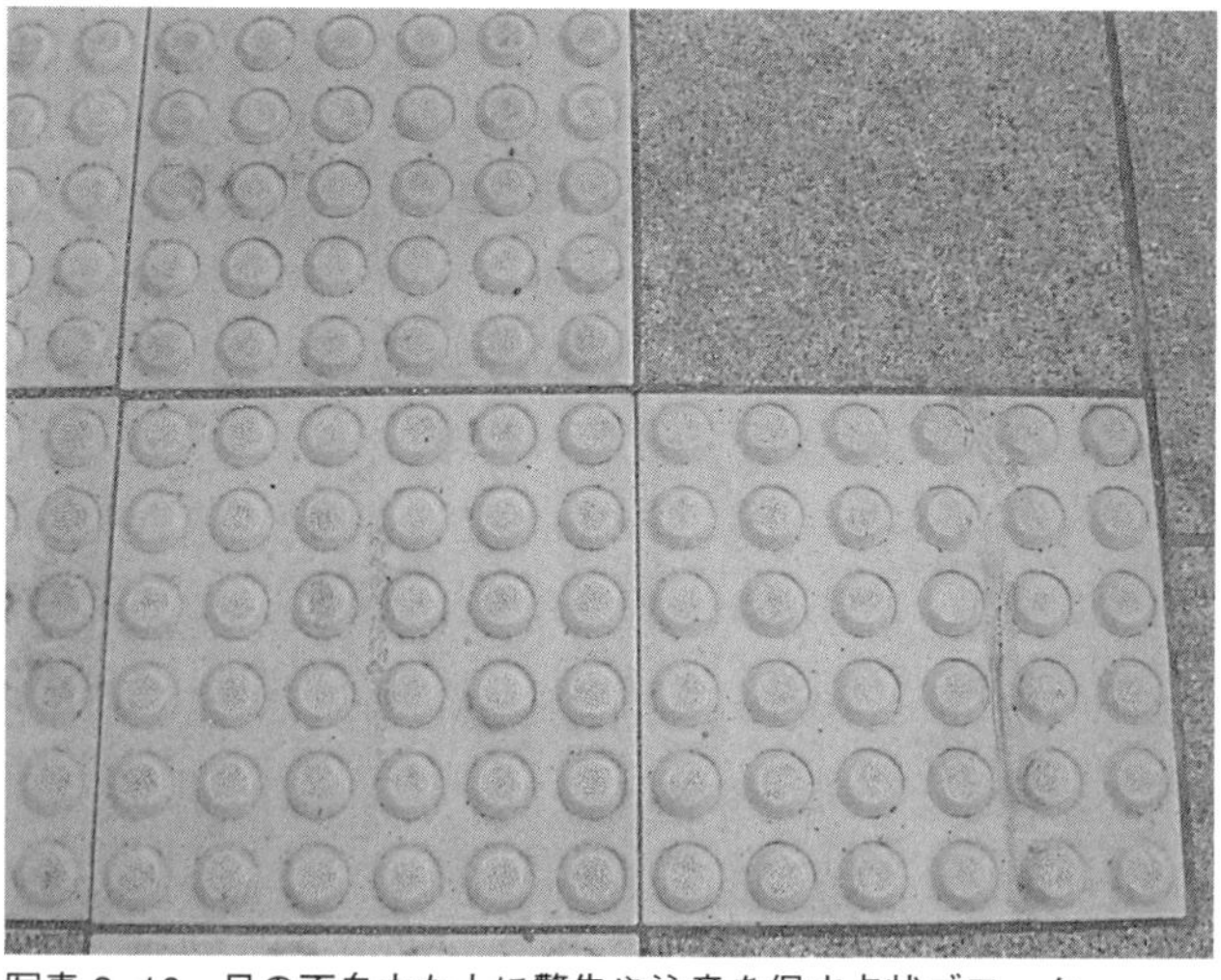

写真 3-16　目の不自由な人に警告や注意を促す点状ブロック

視覚障害者の歩行方向は、誘導対象施設などの方向と線状突起の方向とを平行にすることによって示すものとする。点状ブロックは、視覚障害者に、主に注意すべき位置や誘導対象施設などの位置を案内する場合に用いるものとする。

④ 障害物を回避させるための案内、複雑な誘導経路の案内および公共交通機関の駅などと視覚障害者の利用が多い施設とを結ぶ道路の案内を行う場合においては、必要に応じて継続的直線歩行の案内を行うものとする。

⑤ 視覚障害者誘導用ブロックは、視覚障害者が視覚障害者誘導用ブロックの設置箇所にはじめて踏み込む時の歩行方向に、原則として約６０㎝の幅で設置するものとする。また、継続的直線歩行の案内を行う場合の視覚障害者誘導用ブロックは、歩行方向の直角方向に原則として約３０㎝の幅で設置するものとする。

⑥ 一連で設置する線状ブロックと点状ブロックとはできるだけ接近させるものとする。

⑦ 視覚障害者誘導用ブロックは、原則として現場加工しないで正方形状のまま設置するものとする。

⑧ 視覚障害者誘導用ブロックを一連で設置する場合は、原則として同寸法、同材質の視覚障害者誘導用ブロックを使用するものとする。

⑨ 視覚障害者誘導用ブロックの平板の歩行表面および突起の表面の色彩は、原則として黄色とする。

誘導用ブロックの設置は連続して行うのが望ましいのですが、幅員の狭い歩道などでは、車いすなどの迷惑になるため、横断歩道前やバス停、公共施設前など注意を促す点状ブロックの設置が必要な箇所だけに設置することもあります。

現在、誘導用ブロックの形状は、例えば線状ブロックの突起の長さや間隔、点状ブロックの突起の大きさや

写真 3-17　横断歩道前の視覚障害者誘導用ブロックの設置例

断面形状など、車いすなど目の不自由な人以外のスムースな移動を考慮して、あるいはデザインや素材の違いにより、いろいろなものが使われているのが現状です。そのため、電車の駅や公共施設などの出入口や、あるいは県道と市道など道路管理者が代わる地点で誘導用ブロックの連続性が断たれていたり、設置位置がずれていたり、異なる形状のものが使われていたりして、利用者がとまどうことがあります。ブロックの形状や設置方法は、利用者が混乱しないように統一していくことが必要です。

目の不自由な人の歩行を誘導するための方法として、視覚障害者誘導用ブロックのほかに舗装に埋設した磁性体の磁気を目の不自由な人のための専用白杖が感知して振動し誘導する「磁気誘導システム」や、舗装に埋設したセンサーあるいは目の不自由な人が所持する発信機によって信号の状況や方向などを音声で知らせる「音声案内誘導システム」などが実用化されています。これらの新しいシステムが有効に機能するためには、システムがどこでも同じルールで設置されることが大切なことです。

積雪地帯では、冬の間、誘導用ブロックが雪の下になって使用できないことがあります。この対策として、ロードヒーティングなどの融雪装置はランニングコストが高いことから、路面の雪を通して感知できる磁気誘導システムや音声案内誘導システムの利用が検討されています。目の不自由な人たちの体験調査によるといずれも要望が多く、通常の誘導用ブロックを使って外出できる人にとっては、特に必要箇所において点情報（現在地など）を提供する音声案内誘導システムは有用であるとの結果が報告されています。

夜間の歩行者を安全に誘導するためには、照明施設が欠かせません。しかし、照明の光源が直接眼に入ると、まぶしさによってかえってものが見えにくくなることがあり、視力の衰えた高齢者や弱視の人などの場合にはこの影響がさらに大きくなります。まぶしさのために近くの障害物が見えなかったり、必要な情報である案内

写真 3-18　ボラードにセットした足元を照らす照明

表 3-2　目の不自由な人のための誘導システムの例

誘導システム	誘導方法	概要
磁気誘導システム	点字フェライトブロック	専用白杖が、路面に設置した磁性体を混入した誘導用ブロックを感知して振動する。
	ゴム平滑フェライトブロック	専用白杖が、路面に設置した磁性体を混入したゴム弾性誘導路を感知して振動する。
	磁気ループ	専用白杖が、路面にループ状に埋没した電線の磁界を感知して振動する。
音声案内誘導システム	点字ブロック圧力センサー	誘導用ブロックの下の圧力センサーが、利用者の重量を感知して音声案内をする。
	点字ブロックRF10 センサー	発信機を装着した杖が、誘導用ブロックの下のセンサーを感知して音声案内をする。
	携帯ラジオ	市販の携帯ラジオが、磁気エリア内に入ると音声案内をする。
	発信機カード	発信機カードからの電波を、受信アンテナが受けて、スピーカーで音声案内をする。

標示が読めなかったりすることがないように、光源の向きや高さには十分に配慮する必要があります。特に視線の低い車いす利用者などへの影響を考慮し、町全体の明るさを確保したうえで、特に足元だけを照らす照明の工夫も大切です。

六　車道を横断するための施設

歩車分離の道路における歩道は、交差点などで途切れてしまいますから、歩行者は車道を横断しなければなりません。車道の横断は身体の不自由な人だけでなく健常者にとっても大きなバリアであり、設置を計画するにあたっては細かい配慮が必要です。

交差点の横断歩道は、青信号で渡っていても右折や左折をする車に危険を感じることがありますが、２０００年に発生した交通事故のうち、青信号で横断中の死亡者は１５８人、負傷者は1万３０３４人にもなっています。この原因は、歩行者が横断中も右折・左折の車の通行を止めないという、車中心の道づくりにあるといわれています。歩行者と車を横断歩道上で交差させずに分離する「分離信号」の普及が必要なのです。分離信号には次の３つの方式があります。

車線分離方式：青信号の横断歩道と並走する直進車両のみを通し、歩行者信号が赤信号に変わってから左右折車両を通すことによって歩行者と自動車を分離する方式。

一部分離方式：交差点内の、特に危険な横断歩道のみ、右左折の車両と歩行者を分離する方式。

スクランブル方式：交差点に入る車両をすべて止め、歩行者のみをすべての横断歩道で同時に通行させる方式。車両が交差点に入る時は、すべての歩行者用信号は赤となる。

スクランブル方式の交差点はよく見かけますが、分離信号を採用している交差点の現状は、歩行者の横断が途切れることのない大型交差点の一部で実施されているだけで、歩行者の横断をすべて止めることで車の流れを大量にさばくことに主眼が置かれているように感じられます。むしろ、横断歩行者の少ない交差点の方が運転手の油断を誘い、危険なのだということを認識しなければなりません。

また歩道のある道路同士が交差する交差点の範囲は、「車道と車道がぶつかる十字路の四つ角に、いわゆる

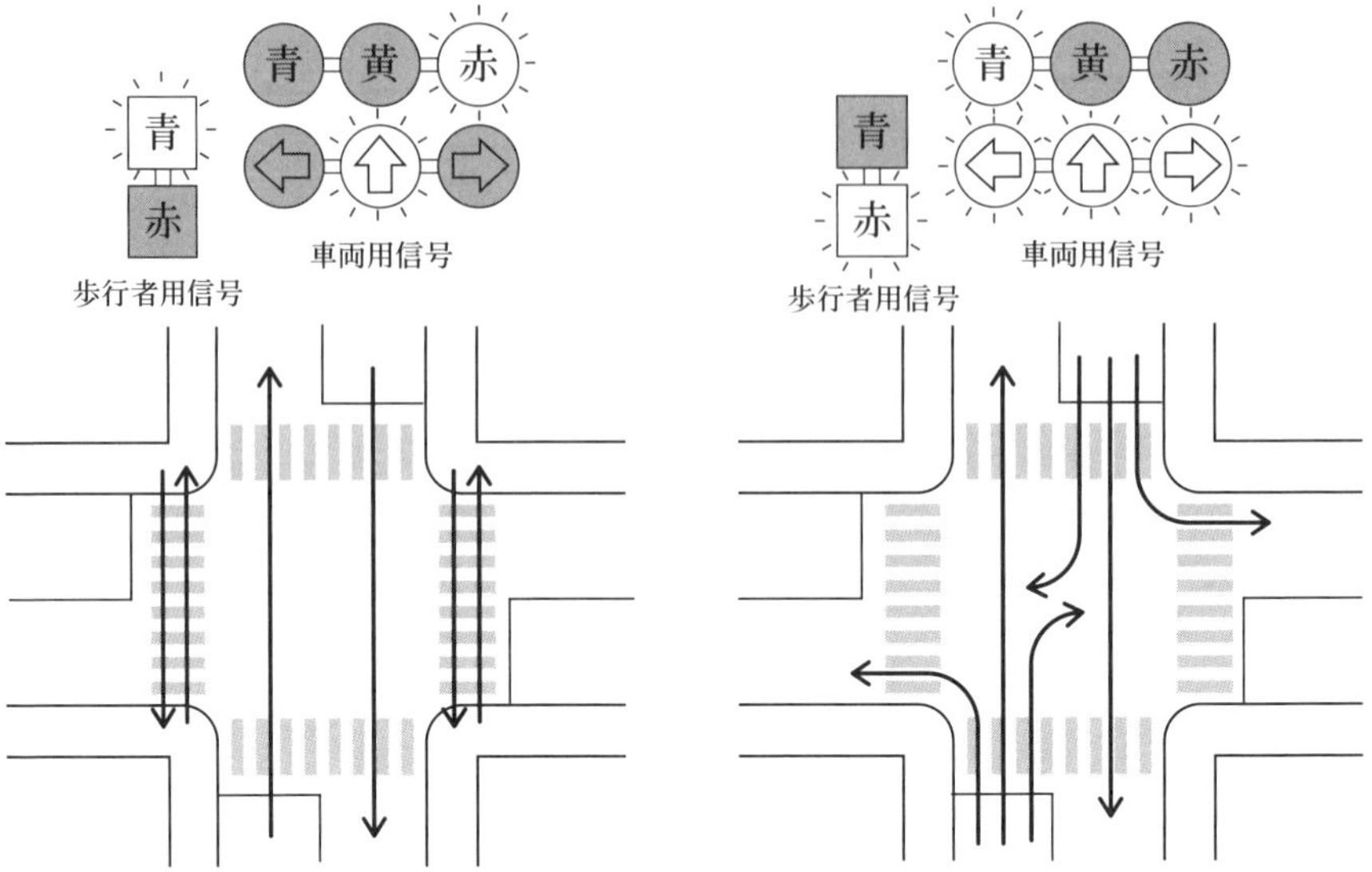

歩行者用信号が青の時は、車両用信号は直進のみ示す。

歩行者用信号が赤の時は、車両用信号は青となり、右折・左折ができる。

図 3-5　車線分離方式の交差点（一部分離方式は事故の多い横断歩道のみ車線分離とするものをいう）

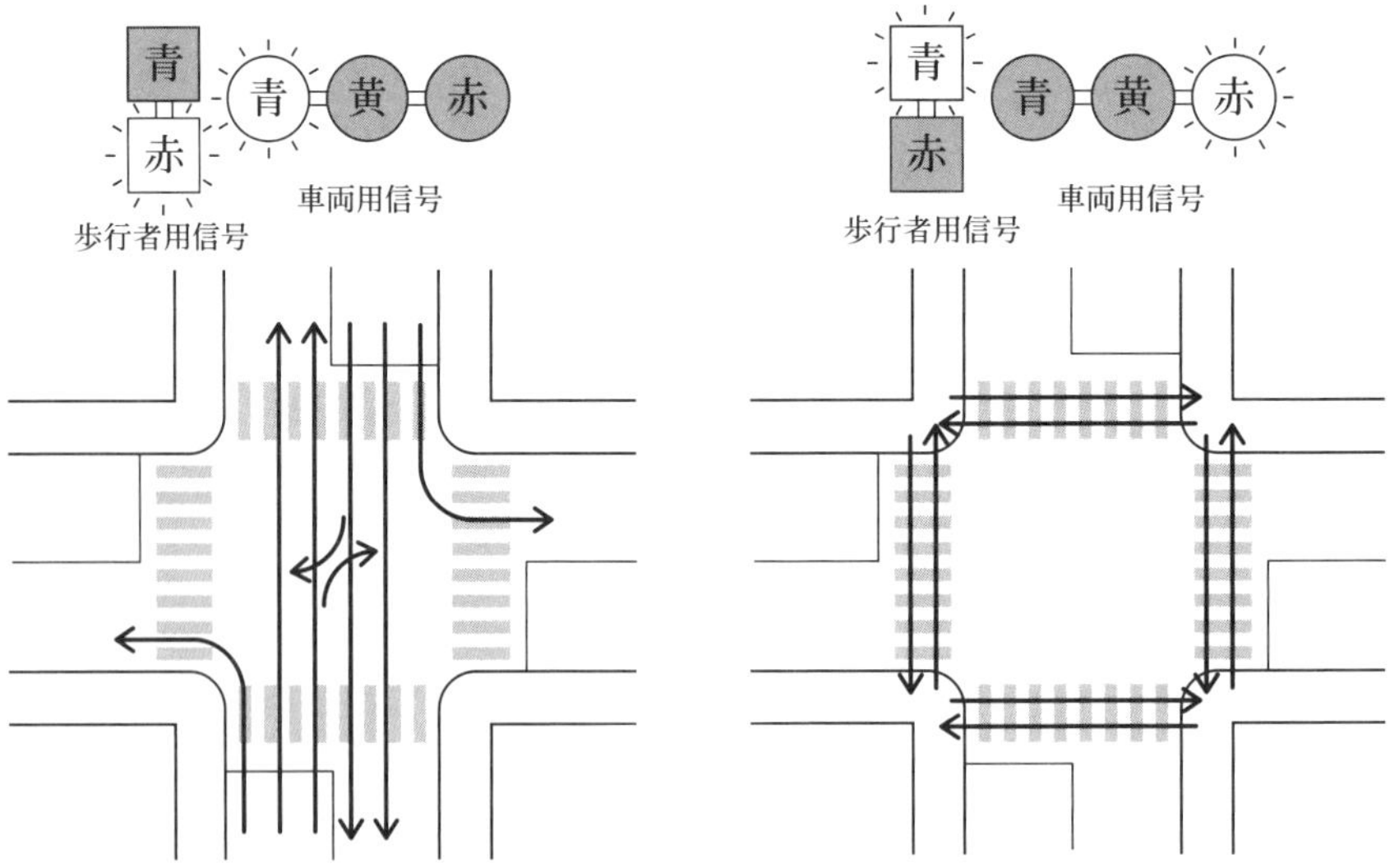

車両用信号が青の時、歩行者は横断歩道を渡れない。

すべての方向の車両用信号が赤の時、すべての方向の歩行者横断が可能となる。

図 3-6　スクランブル方式の交差点

すみ切りがある場合には、各車道の両側のすみ切り部分の始端を結ぶ線によって囲まれた部分をいう」とされているのにかかわらず、交差点における横断歩道の多くはすみ切りの外側、すなわち交差点の範囲外に設置されています。これでは信号待ちしている自動車の視野を狭めることになり、また真っ直ぐ横断歩道を渡ろうとする歩行者の歩行距離を長くすることになり、誘導用ブロックの設置を複雑にしています。交差点における横断歩道の位置は、特別の混雑が予想されない場合には、できるだけ延長する歩道と一直線に設置するべきではないでしょうか。

横断歩道前における目の不自由な人のための誘導用ブロックの設置は、交差点にすみ切りがあって、縁石が曲線状に設置されていても、必ず横断方向に真っ直ぐ向いて横断歩道の幅いっぱいに設置されなければなりません。横断歩道の幅は、青信号の限られた時間に両方向からの歩行者が渡らなければなりませんから、横断する人の交通量によっても異なりますが、最低４ｍは必要だと思われます。

横断歩道前における、誘導用ブロックを分断する形でのボラードやハンドホールなどの設置、あるいは横断歩道部におけるグレーチング溝蓋の設置は避けなければなりません。また、歩道と横断歩道との境界にある側溝の流れが悪いため雨天時に水溜りができることがありますが、この部分の勾配のとり方など水溜りができないような処置が必要です。

車両の交通量にもよりますが、横断歩道にはできるだけ信号の設置が必要です。歩行者横断用の信号の時間は、車いすや高齢者など足の遅い人が渡り切る時間を考慮して余裕を持った時間に設定する必要があります。また、目の不自由な人などにも信号の状況がわかるように音声信号による誘導も必要です（写真４－１）。押しボタン式の音声信号の場合は、特に目の不自由な人にとってボタンの位置がわかりにくい場合が多く、改善していかなければなりません。

目の不自由な人をはじめとして、信号が暗かったり、逆光のため見えにくいことがあり、対応が必要です。
また、雪の多い寒冷地では、車両用信号が雪や氷で信号の光が遮られることがあるため、赤・黄・青の信号を縦に並べる工夫もされています。

横断歩道における歩車道境界付近の段差や勾配については前に述べましたが、横断歩道付近には夜間照明の設置が必要です。特にわかりにくい所では、横断歩道の存在を車に警告する意味で周囲の光の色と違えてオレ

写真 3-19　寒冷地における赤、黄、緑の順で縦に並んだ信号機

写真 3-20　交差点前の横断歩道の高さを歩道に近づけたハンプ。歩道と横断歩道との段差も少なくなっている（千葉ニュータウン・いには野）

ンジ色などの照明にすると効果的です。また、横断歩道のゼブラ表示や道路標識にも反射機能や発光機能が必要です。

幹線道路から歩道のない支線に入る部分の横断歩道は、歩道と同じ高さにして、車いすや歩行者が平坦な歩道の延長としてスムースに横断できるように工夫する必要があります。もちろん、歩車道の境界には、歩行の障害にならない程度に、そして視覚障害者が感知できる程度の低い縁石を設置しますが、支線の出入口である横断歩道がハンプの形にもなり、車の一時停止を促す効果もあります。

車両の交通量が特に多い幹線道路では、自動車をスムースに走らせるために、また平面的な歩行者の横断は危険だという理由で、歩道橋や横断地下道など立体横断施設が設置されています。

横断歩道橋や横断地下道などの立体横断施設は、車をスムースに通すために人間は階段を使って車道を渡れというわけですから、車優先社会の産物です。道のバリアフリー化のためには、歩道橋や地下道をすべて撤去するのが正論かもしれません。しかし現在、全国で歩道橋の数は約1万2千箇所、横断地下道の数は約3千箇所もありますから、これだけのものを全部撤去することは難しいことだと思います。しかし、できるだけバリアを感じないで使えるように変えていく必要

写真 3-21　寒冷地での屋根のある横断歩道橋（盛岡）

はあるのです。

　立体的横断施設では、階段が最も大きなバリアですので、上り下りにつまずいたり滑ったりしないように注意しなければなりません。階段の踏み板の表面には、滑りにくい素材を使用し、さらに端部に滑り止めの処置が必要です。つまずかないように踏み板の位置をわかりやすくして、踏み板と蹴上げ（階段の垂直部分）との色や素材をはっきりと区別することが重要で、踏み板の前面を蛍光色などで標示するのも効果的です。また、蹴

写真 3-22　2本の手すりが下の段まで設置された歩道橋の階段。壁に足元を照らすための照明も見える（仙台）

写真 3-23　スロープを併設した歩道橋の階段（渋谷）

上げ部分に段鼻の突出しをつくらないように注意が必要です。階段に足元を照らす照明を設置している所もありますが、上り口や下り口には足元照明が必要です。

高齢者にとって階段の手すりは、上り下りの手助けとなります。手すりは両側に必要です。手すりは、最初（最後）の段まで伸ばし先端部が突出しないようにしますが、高齢者のためには2段平行に設置するのが望ましいといわれています。手すりの高さは、１本の場合は８０～８５cm、２本の場合は高い方が８５cm、低い方は６５cm程度がよいといわれています。また、階段の高さが３mを超える場合には途中に踊り場を設置する必要があります。

階段の下には目の不自由な人のために点字による案内も必要です。点字の案内は、これから上る人のためにはどこへ渡る階段なのか、下りてきた人のためには右へ行けばどこへ行くのか、左へ行けばどこへ行くのかをはっきり案内しなければなりません。できれば地図で示した案内板が使いやすいようです。

階段の幅は１・５m以上、通路の幅は２m以上を確保し、目の不自由な人が方向を間違わないように直線的に設置し、回り階段は避けなければなりません。階段の方向転換部には踊り場が必要です。

車いすや高齢者、乳母車などのためにはスロープを設けます。スロープの勾配は５％以下、有効幅員は２・０m以上とな

写真 3–24　横断地下道の入口。左側奥の建物はエレベーター（仙台）

写真 3-25　歩道橋のエスカレーター（三鷹）

ります。横断歩道の高さによってはスロープを延長し、歩道の幅員が狭い場合には、踊り場を設けて折り返すなど工夫する必要があります。自力でスロープを利用できない人などのために、階段と併用してエスカレーターやエレベーターなどの施設も必要ですが、これらの施設への利用者の誘導は、明確でわかりやすくなければなりません。

階段を上る方がつらい人と下る方がつらい人がいますから、エスカレーターは上り下り専用のものがそれぞれ必要です。踏み板には滑りにくい素材を使用し、それぞれの端が認識できるように黄色などで縁取りします。踏み板の有効幅は1m以上、昇降口では3枚以上の踏み段が同一平面上になる構造とします。また、エスカレーターの上端および下端では進入の可否を明確に示すこと、乗り降りする境目に黄色い警告標示をすること、なども必要です。エスカレーターの手すりは、乗り口では踏み板の手前１２０cm以上、降り口では踏み板の前方１１０cm以上が必要とされています。一般のエスカレーターでは車いすでの利用はできませんが、駅など公共施設の中では踏み段2枚が水平になったまま昇降できる車いす対応エスカレーターが設置されている所もあります。

エレベーターの出入口の幅は、最低９０cm必要であり、かごおよび昇降路の出入口の戸にはガラスなどをはめ込み、かごの外から内部が見えるような構造とすることが必要です。かご内部の寸法は、車いすが１８０度回転できるように幅１５０cm以上、奥行き１５０cmとします。かご内部の正面の壁には出入口確認用の鏡を設置し、正面および両側面に高さ８０~８５cmの手すりを設ける必要があります。利用者をエレベーターへ誘導するための視覚障害者誘導用ブロックは、操作盤のある方に向けて設置し、操作盤は一般のものに加えて車いす利用者が使用しやすい１００cm程度の高さのものも併設しなければなりません。また操作盤の文字やボタンはわかりやすいように標示することが肝要です。

２０年ほど前に西ドイツ（現在のドイツ）を訪問した時、歩道橋にエスカレーターがたくさん使われているのにビックリしたものです。その頃の日本では屋外のエスカレーターを見たことがありませんでした。中には車いすでも使えるようにとスロープ状のエスカレーターも見られましたが、このエスカレーターを自転車がものすごい速さで走り抜けていったのです。車いすなどのためにはエレベーターの方が安全なようです。しかし、やはり車道の横断は、歩行者を優先した安全な平面横断にすべきだと思います。

七　自転車走行スペースと駐輪場

自転車の普及は、地球温暖化防止や交通渋滞の防止、あるいは利用者の健康増進にも役立つとして、自転車道の整備が進められています。しかし、一方では自転車による交通事故が増加しており、また駅前などの放置自転車が道の景観を損ねたり歩行者の通行のバリアとなるという問題も起きています。自転車を安全で環境に優しい乗り物として普及させるためにはどうすればよいのでしょうか。

自転車が走るための道は自転車道です。自転車道は、『道路交通法』によって「自転車の通行の用に供するため縁石またはさくその他これに類する工作物によって区画された車道の部分」（第2条）と定められています。自転車は交通法上「軽車両」に分類されていますから、自転車道が整備されていない道路では車道を走らなければなりません。一方、自転車を含む軽車両は「著しく歩行者の通行を妨げることとなる場合を除き、路側帯（軽車両の通行を禁止する道路標示によって区画されたものを除く）を通行することができる」（第17条の2）という条項や、普通自転車は「道路標識等により通行できることとされている歩道を通行することができる」（第63条の4）という条項もあることから、自転車が歩道を通行するのは条件付きで認められていることになります。また、『道路構造令』では「自動車の交通量が多い第三種又は第四種の道路（自転車道を設ける道路を除く）には、安全かつ円滑な交通を確保するため自転車及び歩行者の通行を分離する必要がある場合においては、自転車歩行者道を道路の各側に設けるものとする」（第10条の2）として自転車歩行者道路なるものを規定しています。ここで第三種、第四種の道路とは高速道路など自動車専用道路を除いた道路、すなわち一般の道路のことです。

これらを要約すると、自転車道が設けられていない道路では、自転車は著しく歩行者の通行を妨げる場合を除いて路側帯を走ることができ、さらに自動車の円滑な交通を確保するために標識などで示されている場合は歩道上を走ることができるということになります。また、歩行者と自転車が混在して通行できる自転車歩行者道を設けることもできるのです。しかし、一般には標識などで示されていなくても自転車が歩道を走ってもよいと誤解されており、また車道を走ると危険なことから、自転車が歩道を走ってしまうこともあります。歩道上に自転車走行の指定をしていないのに、横断歩道と並んで自転車横断帯が標示されている所があるのも誤解を生じる原因となっているように思われます。

自転車が歩道を走行することは、歩行者にとってたいへん危険ですが、一方、自動車と自転車との速度や力

写真 3-26　歩道の中に自転車走行スペースを指定している例（東京都中央区）

写真 3-27　歩道の中で自転車と歩行者を分離する実験（仙台）

の違いを考えると、自動車と自転車が同じ空間を通行するのも危険と考えられ、特に歩道側車線に自動車などが駐車している場合などには、自転車は車道中央部を走る危険を避けるために歩道を走るようになるのです。

　自転車が歩道や路側帯でスピードを出せば歩行者にとって危険であり、車道を走れば自動車による危険にさらされます。自転車の走るスペースが整備されていないところに問題があるようです。自転車が安全に走るべきスペースを確保しなければなりません。歩道の中に自転車が走るためのスペースを設ける場合でも、区画線や舗装の色の違いなど平面的な区分けではなく、自転車が歩行者空間に侵入しにくいように、あるいは歩行者が自転車走行スペースに入りにくいように、簡単なポールやフェンスなどによって仕切ることが必要と思われます。ヨーロッパでは歩道の一部を自転車道として立体的な仕切りなしで平面的に区分けしている所が多いのですが、うっかりその上に立っていて危険な目に会うことがあります。やはり自転車は車両であり、舗装の色や区画線だけで歩行スペースと区分けするのは危険なようです。

写真 3-28　危険な車道を避けて、歩道を走る自転車

　人間の歩く速度は、早足でも時速6km程度であるのに対して、自転車の速度は時速２５km以上になることもあり、そのうえ走行音が小さいので、自転車が歩行者と同じスペースを走ると、歩行者と衝突する確率が大き

くなって、危険なのです。歩道の幅員が狭いために、歩行者のスペースと自転車のスペースを区分けするのが難しく、自転車と歩行者が混在せざるを得ない場合には、危険のないように自転車の速度を歩行者の速度に近い時速１０km以下に抑える必要があると思います。ちなみに時速１０kmで走ると、自転車は１秒間に２・８m程度進むことになります。

都市と都市、都心と郊外を結ぶような長距離を自転車で移動するための連続した自転車道路網の整備も計画

写真 3-29　街の中を走る自転車道（ベルリン）

写真 3-30　車道と完全に分離された長距離移動のための自転車道（ここでは歩行者と共有のスペースとなっている）（花巻）

されていますが、この場合の自転車道は、縁石や植栽帯などで車道とはっきり分離し、自動車が容易に進入できない構造で、かつ連続して走れるものでなければなりません。日常の通勤や通学、あるいは買物など生活ゾーンの中で使用する自転車のための走行スペースと、長距離を移動するための自転車道路は別に論じなければなりません。

駅前などの違法駐輪が社会問題となっています。たくさんの自転車が歩道や駅前広場を占領して人がすれ違うのもやっと、車いすが通れない、目の不自由な人のための誘導用ブロックも放置自転車で分断されています。違法駐輪している自転車をお金を使って撤去していますが、次の日からまた違法駐輪の自転車が溜まります。問題はどこにあるのでしょうか。

駐輪場の不足も原因の一つだと思います。しかし、駐輪場の場所や使用システムにも問題があるようです。１９９９年の総務庁の調査では、全国の駐輪場の収容能力は３６５万２千台ですが、実際に収容しているのは２８２万６千台、そして違法駐輪の数は５６万３千台だったという数字が報告されているのです。駐輪場は空いているのに、違法駐輪が多いのです。

自転車を利用する立場から考えると、利用者が駅に向かう導線から駐輪場が大きく外れていたり、地下にあったり二階、三階だったりすると駐輪をためらってしまいます。駐輪する時に名前や時間を記入するなどの手

写真 3-31　入りにくい駐輪場は空いている。真中のフェンスの右側が駐輪場、左側は違法駐輪

続きが必要な所はなおさらです。駐輪場は、目的地に向かう導線上にあって停めやすいことが条件です。そう考えるとやはり道路に沿って設置された駐輪場が最も使いやすいことになります。違法駐輪の多い所が一番停めやすい所なのだということを理解しなければなりません。歩道の植樹桝と植樹桝の間や駅前広場の一部、違法駐車によって機能していない車道の1車線を削って駐輪場とすることも考えられます。駐輪場が歩道の上であっても自転車が整然と並んでいれば景観を壊すことはありません。駐輪禁止のバリケードや看板が景観を壊したり歩道を狭くしていることもあるのです。実際に歩道の一部を駐輪場と指定して効果をあげている所もあります。路上だけでなく、店先など民地の一部を駐輪スペースとして使用することも考える必要があります。

豊島区が駅前などの長時間放置自転車に対して、電車の事業者から税金を取るという提案を出して話題になっていますが、住民の半数以上は賛成というアンケート調査結果も報告されています。電車などの公共交通機関利用者による駅周辺の放置自転車に対しては、有料無料の問題は別として、交通機関事業者が駐輪場を提供する義務があるように思います。しかし、買物客の駐輪にまで、責任を負うことはありません。

放置自転車の撤去と称して街の中からすべての自転車を排除するのは問題があるように思います。通勤通学などによる長時間駐輪と買物客などによる短い時間の駐輪とは別に考え

写真 3-32　歩くのもたいへんな駅前の放置自転車

る必要があるのです。自分が住んでいる街を自転車で走り、本屋に立ち寄ったり、スーパーで買物をする時、店先に気軽に自転車を止めることもできないのでは快適な生活空間とはいえません。商店会あるいは個々の商店が買物客のための駐車スペースを確保する必要もあるのです。店の規模にもよりますが、通常は1軒の店先に2～3台分のスペースがあればよいのではないでしょうか。店の前に駐輪のスペースをとるのが難しい場合には、それぞれの商店が道路管理者から歩道の一部をお客用の駐輪スペースとして借り受けて、商店の責任で貸与された駐輪スペースを管理するという方法も考えられます。

写真 3–33　店先に設置された駐輪場

自転車1台が占める標準スペースは、幅が６０cm、長さが１・９mですが、1台ごとに前輪の高さを変える高低配列では幅が４０cmとすることが可能であり、斜めに配列すれば長さが１・６５mにすることも可能です。自転車が整然と並ぶためには、自転車の並べ方をわかりやすく標示すること、歩行面と駐輪場の高さに3cm程度の段差をつけて歩行部分にはみ出ないようにすること、不安定で倒れやすい片側スタンドの自転車を極力なくすことも考えなければなりません。また、古くなった自転車を駐輪場に放置されるという問題に対しては、駐輪する自転車の登録制など駐輪場の管理方法を検討する必要があるようです。

地域によってはレンタサイクルを活用して駅前などへの自

転車の乗入れを少なくする工夫をしている所もあります。世田谷区の三軒茶屋では、「迷惑駐輪（車）ゼロ」を目指して有料のレンタサイクルを始めていますが、これは通勤や通学のために電車に乗る人が自宅から三軒茶屋駅まで乗ってきた自転車を、三軒茶屋駅で電車を下りてから学校や勤め先に行く人が使用するというシステムで、駅近くの違法駐輪が少なくなることが期待されています。

八　バス停留所

排気ガスによる二酸化炭素の削減や交通渋滞を解消するために、自家用車の走行を制限してバスや路面電車などの公共交通機関の整備・拡充が進められており、同時に『交通バリアフリー法』によって義務付けられたバスや電車のバリアフリー化、低床車両の導入が進められています。

低床バスには、補助スロープ付きのワンステップバスとノンステップバスとがありますが、国土交通省では２０００年１１月１７日の『交通バリアフリー法』の公布にあたり、原則として１０～１５年ですべてのバスを低床化された車両に代替し、２０１０年までに総車両の２０～２５％をノンステップバスにすることを目標としています。ノンステップバスの普及に対応するためには、足の不自由な人でも乗り降りが楽にできるように、

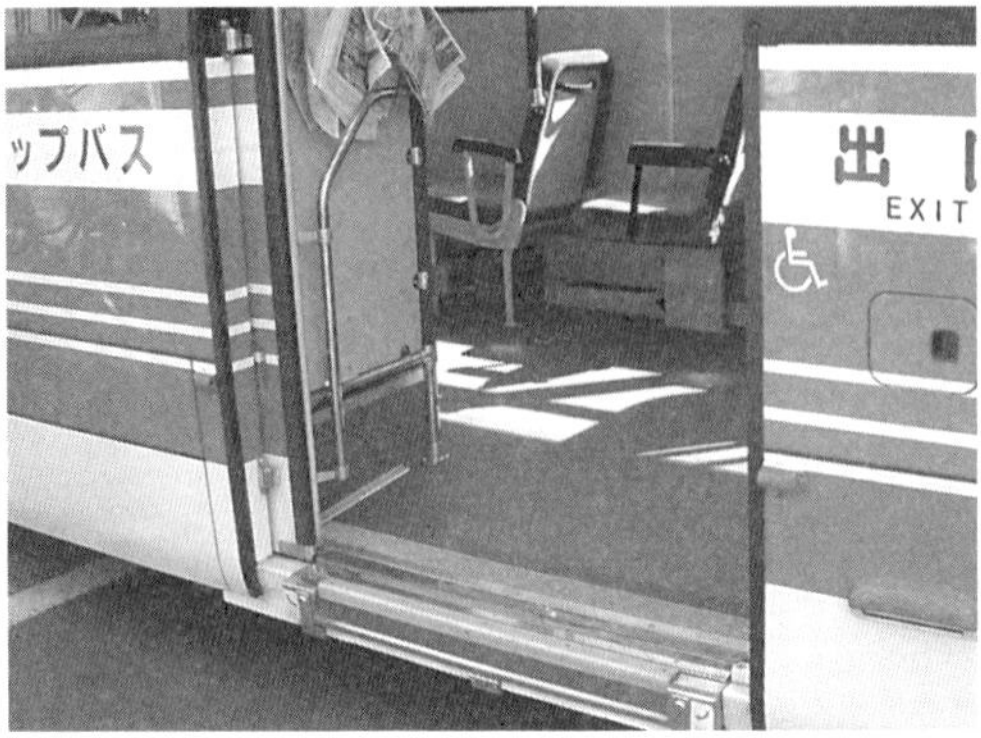

写真 3-34　段差のないノンステップバス

写真 3-35　折りたたみドアのワンステップバス

写真 3-36　降りるのがたいへんなツーステップバス

あるいはバスを乗り降りするためのスロープ板の勾配を小さくするために、バスの床の高さと停留所の路面との間の段差をなくさなくてはなりません。したがって、ノンステップバスの運行路線となる道路は、車道より一段高い歩道が設置された歩車道分離の道路が望ましく、歩車共存道路によって構成されるべき生活街区の外周を走ることになります。しかし、高齢者や足の不自由な人のために生活街区内を循環してターミナルと結ぶミニバスの運行も有用であり、この場合の停留所には、車いすでも利用できるようにスロープがありバス床の高さに合わせたプラットフォームを設けることが必要となります。

バス交通のバリアフリー化を進めるためには、車両の改善だけでなくバス路線やバス停などの環境整備も必要です。バス路線の整備では、都心部におけるバス専用レーンのほかに、郊外や都市周辺のターミナルに自家用車のための駐車場を整備して都心への移動にバスを利用する「パーク・アンド・ライド」や、公共交通機関を優先させる信号制御などの「PTPS（公共車両優先システム）」などが進められています。また、近くに公共交通機関がなかったり、あっても本数が少ない地域に対して、高齢者を含めた地域住民のためにきめ細かく対応する「コミュニティバス」の導入などが進められています。

バス停については、従来歩道側の車道レーンの一部をそのまま使用し

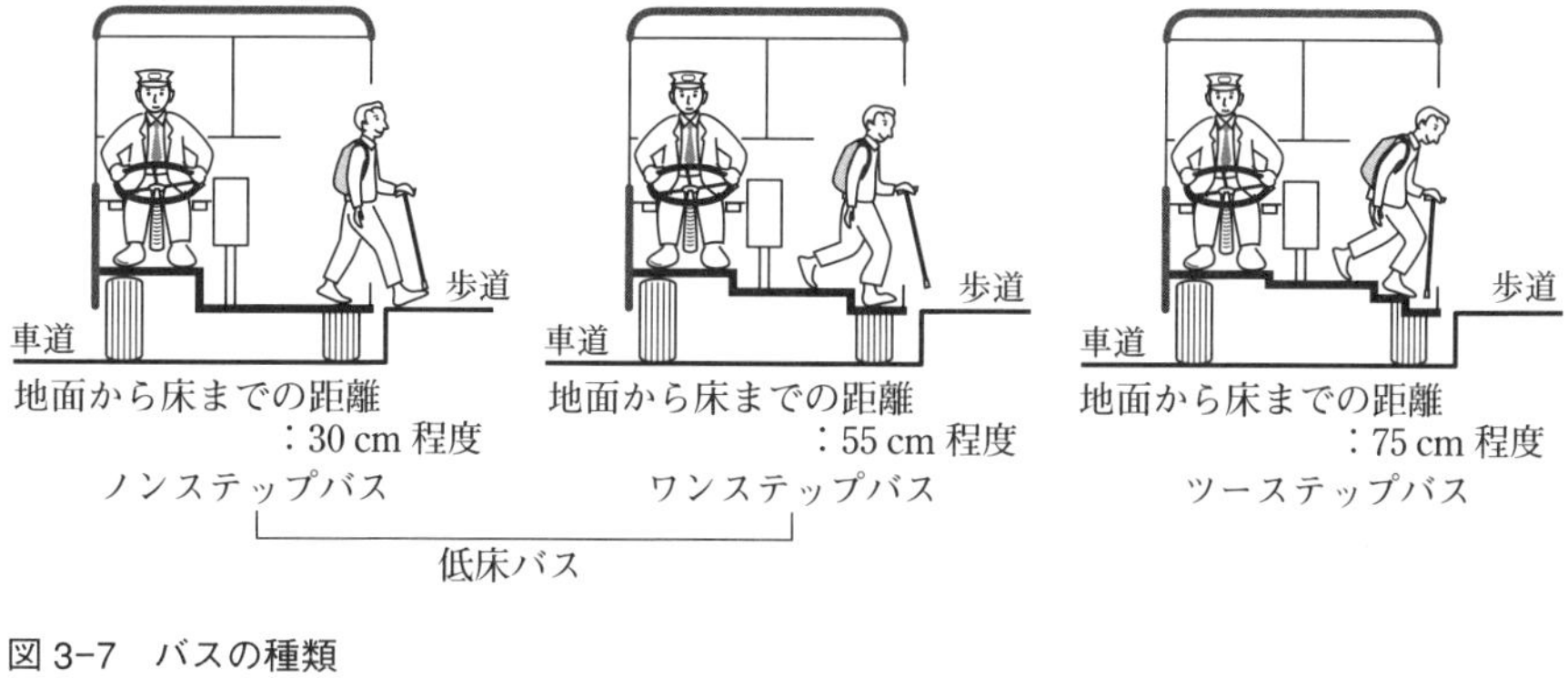

図 3-7　バスの種類

ているものが多いのですが、バス停の前後に駐車している車が多くてバスが停留所のプラットフォームから離れて停まることになったり、停まっているバスの後ろに車の列ができて交通渋滞が起こったり、後ろの車両がバスを追い越そうとして無理に車線を変更するなどの問題があるといわれています。

この対策として、歩道の一部をバス停として削り取った形のバス停（バ

写真 3-37　歩車道境界をそのまま利用したバス停は、違法駐車があるとバスが歩道に近づけない

写真 3-38　バスベイ型のバス停は歩道を狭くする

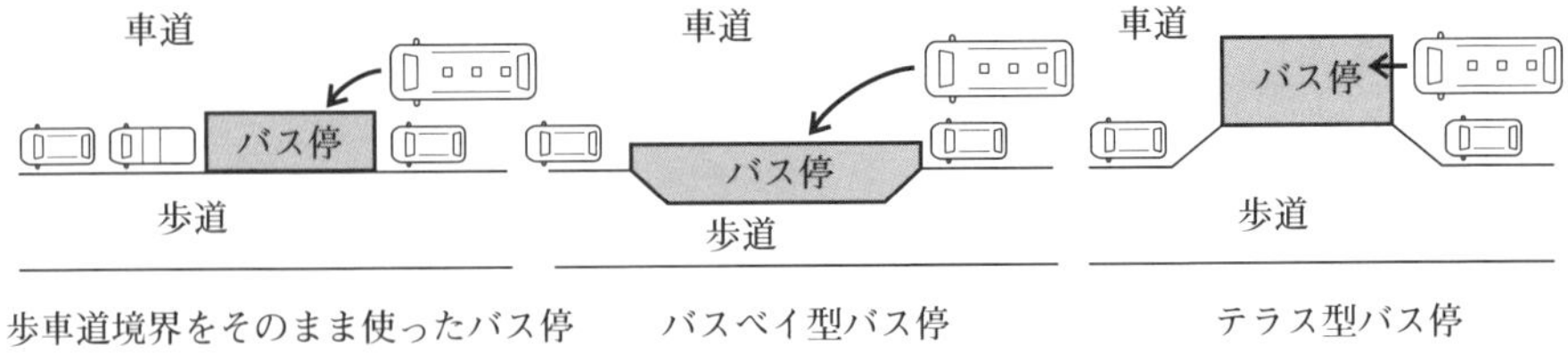

図 3-8　バス停の形態

スペイ）がつくられてきましたが、この形では狭い歩道がさらに狭くなってバスの乗降客と通行人とが混雑することや、外側の車線に駐車している車によってバスが停留所に接して平行に停まることが難しいため、歩道寄りの一段高いプラットフォームに直接乗り降りしにくいなどの問題があります。

これに対して最近、停留所のプラットフォームを車道外側線まで張り出した形のバス停（テラス型バス停）が検討されており、一部実施されている所もあります。この方式では歩道寄りに車が駐車していてもバスが停留所のプラットフォームに接する形で停まりやすくなるというメリットがあります。名古屋市でテラス型バス停の実証実験を行った結果では、バスの走行環境が向上し、特に高齢者のバス利用者が高く評価していると報告されています。しかし、この方式では車道側にバス停が張り出しているために、歩道寄りに走ってきた二輪車などがバス停の張り出しに乗り上げる事故も考えられることから、バス停の前後には駐車場や駐輪場などの施設としてはっきり区画し、あるいはバス停の前後に植樹や標識を設置してバス停の存在をわかりやすくしておくことが肝要です。また、停留所が張り出す形のテラス型バス停は、車道を狭くすることになりますから、比較的幅員の広い道路でなければ実施は難しことになります。

なお、バス停の形にかかわらず、乗降用のスロープ板の設置や体の不自由な人の乗降のためには、バスが停留所の歩道に平行に、かつ接して停まることが肝要であり、バス停はできるだけ道路の直線

写真 3-39　テラス型バス停（名古屋市ホームページより）

部に設置しなければなりません。曲線部分に設置せざるを得ない場合でも、停留所のプラットフォームはできるだけ直線的に設置する必要があります。また、目の不自由な人のためには、誘導用ブロックなどによって歩行導線からバス停の乗り口前、降り口から歩行導線までの安全な誘導が必要です。

バス停は「バスの駅」であり、安全で快適なバス待ち空間でなければなりません。高齢者や身体の不自由な人のために、バスを待っている間身体を休めることができるベンチや荷物を置くための台が必要であり、また雨や日差しを避けるための上屋や、風から身を守るための囲いの設置も考慮しなければなりません。

写真 3-40　屋根があり、ベンチ、ヒップレストのあるバス停（三鷹）

バス停の案内板は、初めての人でも路線図や料金、時刻表などがわかるように設置する必要があります。また、これらの必要な情報は車いす利用者でも読める高さに、読みやすい大きな文字で表示し、夜間でも支障のないように適当な照度の照明をつけることが必要です。目の不自由な人のためには、点字による路線や料金の案内およびバスの運行状況を知らせる音声案内なども必要となります。

バスを待っている人たちとバス停前を通過する歩行者との混雑をなくすために、バス停前のスペースの確保も必要であり、バスを待っている人たちが順番を守って整列するためにポールやフェンスを設置している所もあります。

なお、バスと同じように路上に停留所を持つ路面電車は、一時は自動車交通を優先するために廃止される所が多かったのですが、最近は排気ガスを出さない環境に優しい都市交通機関として注目されています。路面電車の停留所の場合は、車道の中に設置される所が多いため、車道舗装面より一段高い安全地帯として設置されます。安全地帯の高さは、電車の床面と同一の高さが望ましく、自動車走行車線側には手すりなどを配置し、横断歩道など歩行者通路に連続したスロープが設けられなければなりません。しかし、自動車交通の障害になるとして、停留所を車道舗装面に区画線で標示しているだけ

写真 3-41　バス停におけるバスの運行を知らせる案内標示。音声案内もしている

写真 3-42　車道との境界をフェンスで仕切った、屋根のある路面電車停留所（函館）

の所もあり、事故の原因となっています。停留所は乗客のための安全地帯であり、安全な乗降とともに歩道からの移動も安全に行われるように配慮しなければなりません。

九　道路区画線と路側帯

２００１年１２月１８日の日本経済新聞に、「愛知県警が住宅密集地を走る生活道路で歩道や路側帯を示す区画線がなく、車道のすぐ脇に民家や商店が建ち並ぶ道路の両側に路側帯を設けて、その分車道を狭くして中央線をなくしたら事故が半減した。これはドライバーの緊張感が高まり、スピードが出しにくくなるためらしい。効果に気をよくした県警は来年にかけてこの方式を県内全域に広げる方針」といった内容の記事が出ていました。道路上のマーキングの引き方ひとつで事故が減るのです。

道路の中央線などのマーキングは、正確には国や自治体などの道路管理者が設けるものを「区画線」、公安委員会が設けるものを「道路標示」と呼んでいます。区画線は、『道路法』で車道中央線、車線境界線、車道外側線、歩行者横断指導線、車道幅員の変更、路上障害物の接近、路上駐車場、動流帯の8種類が決められており、道路標示は、『道路交通法』に基づいて規制または指示を標示するもので、どちらもペイントや道路鋲、石などで標示される線や文字、記号のことです。また、同じマーキングであっても区画線の場合もあり、道路標示の場合もあったりと複雑ですが、利用者に対して誘導や案内をしているのが区画線、規制や指示をしているのが道路標示と理解すればよいようです。

本来、道は人が歩くためのもので、その中に車が進入してきたと考えると、「歩道のない道路」ではなく、「車道のない道路」というべきではないかと思うのですが、車社会では一般的には「歩道のない道路」という方が通ります。このような歩道のない道路を人はどのように通行をすればよいのでしょうか。

『道路交通法』によれば、「歩行者は、歩道又は歩行者の通行に十分な幅員を有する路側帯（「歩道等」という）と車道の区別のない道路においては、道路の右側端に寄って通行しなければならない」（第20条）とされています。ここで歩行者とは、やはり『道路交通法』によって、「身体障害者用の車いす、歩行補助車等又は小児用の車を通行させている者」および「大型自動二輪車若しくは普通自動二輪車、二輪の原動機付自転車又は二輪若しくは三輪の自転車（これらの車両で側車付きのもの及び他の車両を牽引しているものを除く）を押して歩いている者」（第2条）とされています。

路側帯とは、「歩行者の通行に供し、又は車道の効用を保つため、歩道の設けられていない道路又は道路の歩道の設けられていない側の路端寄りに設けられた帯状の道路部分で、道路標示によって区画されたものをいう」（第2条）とされており、さらに『道路交通法施行令』によって路側帯の幅員は1m以上、「ただし、歩行者の通行が著しく少ない道路にあっては、0・5m以上1m未満とすることができる」（第1条の2）とされています。すなわち、歩道のない道路において道路の端に引かれた白線の外側のスペースを路側帯といい、その部分が歩行者のためのスペースであるとされているのです。しかし、その幅員の決め方は、歩行者のすれ違いや車いすなどの通行についての十分な考慮がなされておらず、場合によっては、歩行者は区画線の外側（車道部分）にはみ出してもやむを得ないという考え方のようです。

実際このような道路では、路側帯の外（車道部分）を歩行者が歩いていることも多く、通常、自転車が路側帯の上を走り、自動車は路側帯の上に駐車しています。電柱やその他の構造物のために狭い路側帯が途中で分断されている所もあります。

写真 3-43　路側帯を示す区画線

路側帯は、歩車道が分離された歩道とは違い、その性格があいまいなところに問題があるようです。

路側帯の上で駐停車している車は珍しくありませんが、この場合、歩行者は車道部分を歩くしかありません。路側帯の幅員が０・７５ｍ以下の場合、および２本の白線で区画されている場合を除いては、特例として路側帯での駐停車が認められているのです。しかし、実際には路側帯での駐車は幅員と関係なく行われており、また、２本の白線で区画された路側帯でも駐車は行われています。路側帯のための白い区画線は、堤防の上や農

写真 3-44　2 本の区画線があっても違法駐車のために歩行者は危険な道の真中を歩いている

写真 3-45　道の両側に建物がなく、歩行者もいない農道の区画線

道など両側に建物がなく、歩行者も少ない道路の場合に、車が路肩に寄り過ぎないように車両走行を誘導するためには有効ですが、これと同じものを歩行者の多い住宅街や商店街などにも使用しているところに無理があるのです。

路側帯を示す区画線があるために、車の運転者は、区画線で囲まれた道路の中心部を走行スペース、路側帯を駐車スペースであると錯覚し、歩行者は、路側帯の障害物を避けて道の真ん中を歩いてもよいと考えてしまうこともあります。歩道の設置ができないような狭い生活道路では、路側帯を示す区画線の存在はむしろ危険なこともあるようです。

生活道路の場合は、自動車が容易に乗り上げることができる区画線や、自動車のために歩行者の移動を阻害する信号をやめて、車の速度を制御することによって歩行者と車が共存する安全な道路、すなわちコミュニティ道路の整備を進めるべきなのです。コミュニティ道路は、歩行者専用のスペースと歩行者と車が共有するスペースに分けられますが、歩行者と車が共有するスペースは、歩行者が安心して移動できるようにハンプやシケインなどによって自動車の速度が制御されます。また、コミュニティ道路と歩行者専用道路だけで形成され、住宅、商店、学校と公共施設を含めた歩行者優先の街区をコミュニティ・ゾーンとして指定している所もあります。コミュニティ・ゾーンには通過交通は進入できません。生産活動に必要な大量の物資や人を運ぶための道路は、幹線道路としてコミュニティ・ゾーンを取り囲むように整備すればよいのです。

バリアフリーの街は、道のバリアを局部的に取り除くだけでは実現しません。歩行者が安心して歩ける街、コミュニティ・ゾーンができてはじめて、身体が不自由な人や高齢者などに対する道全体のバリアも取り除くことが可能となり、誰でもが自由に活動できる街ができるのです。

一〇　歩行者空間の付帯施設

誰もが安心して歩くことができ、またよきコミュニケーションの場として道が利用されるためには、休憩施設、公衆トイレ、公衆電話などの付帯施設が整備されていなければなりません。

車いすを利用していなくても、長い距離を連続して歩行するのが困難な人やバスを待つために長時間立っていられない人もいます。このような人たちが街に出るためには、道路空間の一部や隣接する空き地などを利用して、休憩施設が１００m程度に1箇所は必要です。

ベンチなどの休憩施設を設置するためには、路上の植樹桝と植樹桝の間や、バス停の前、公園や公共施設に面したスペースなどが利用されますが、休憩施設の設置にあたっては、施設が歩行者スペースを狭めて、車いす使用者や目の不自由な人の通行を妨げることがないように注意しなければなりません。歩車分離道路における歩道や、歩車共存道路、歩行者専用道路など歩行者スペースが十分に確保された道路では、ベンチなどを設置するスペースが比較的簡単に見つかると思いますが、設置するスペースがとれない狭い生活道路も多く、この場合にはコンビニエンスストアの店先を利用したり、建物の一階部分をセットバックするなどして歩行者スペースを確保することも必要となります。

スペースに余裕があれば、街角などにポケットパークのような休憩施設をつくり、街の情報をゆっくりと得られる案内板などの設置や、強い日差しや風や寒さなどから身を守るための樹木、日よけのあるベンチなどを配置することなども考慮したいものです。また、休憩施設には段差などの障害物がないようにすることが肝要です。

ベンチは、常に清潔であることが必要であり、掃除や修繕など維持管理の簡単なもの、危険な突起がない形状のものを使用しなければなりません。また、身体に触れる座り面が直射日光で熱くなったり、冬には冷たすぎたりしないように素材の選定にも配慮が必要です。高齢者など筋力が落ちた利用者のためには、座ったり立ったりする動作を助ける手すりや肘掛けが付いたものを配置することも必要です。座り面はあまり深くせず、身体を支える背もたれがあるものが使いやすいようです。座り面の高さは５５㎝程度、奥行きは３３㎝程度、背もたれの高さは地面から１ｍ以上が望ましいといわれています。身体の不自由な人の中には、深く座るのが困難な人もおり、そのような人が休むためにヒップレストや荷物を置くための台、あるいはテーブルの設置も

写真 3-46　立ち上がる時に楽な肘掛けのあるベンチ

写真 3-47　植栽を囲んで設置されたヒップレスト

考慮したいものです。

ベンチの脇には車いすのためのスペースを設けることも必要です。目の不自由な人に休憩施設があることを知らせるためには、誘導用ブロックや手すりによる誘導、鐘の音を使用したり、施設の舗装の粗さや素材、表面の色などを周辺の舗装と変えるのも効果的です。テーブルは、車いす使用者が利用することも考慮して、卓下に足が入るスペースが設けられます。テーブルの高さは最低でも６５㎝以上、板の下の奥行きは４５㎝以上の空間の確保が必要だといわれています。また、テーブルには杖や傘が立てかけられる形にすると便利です。

目に見える情報しか得ることができない耳の不自由な人や、ゆっくり腰掛けて街の様子を眺める人にとっては、ベンチは単に休憩するだけではなく、街の情報を得るための大切な施設であり、ベンチの向きにも十分注意して設置することが必要です。

公園など特殊な場所以外には、街の中で公衆トイレを探すのは難しいのが現状ですが、安心して歩ける道には1㎞程度に1箇所、車いす利用者でも使用できる公衆トイレが必要です。道路など公共の敷地にトイレをつくるスペースをとるのは難しいと思いますが絶対に必要なものです。コンビニエンスストアなどではトイレを一般に開放している所もありますが、車いすでの利用は今ひとつであり、今後は整備していかなければなりません。駅の中のトイレを改札の外に出すなどの工夫も必要だと思います。

目の不自由な人をトイレまで誘導するためには、入口まで誘導用ブロックを使用し、入口の壁の点字案内板によって内部の状況などを説明しますが、水洗装置などの方式や位置はわかりやすいものを使用しなければなりません。特別の方式のものを使用する場合には点字によって使い方の説明などをする配慮も必要です。

トイレには手すりを設置した大便器と小便器、洗面台が少なくても各1箇所以上必要であり、大便器は洋式のものが望ましいといわれています。また、最近は乳児を連れている人が女性であるとは限らないことから、

写真 3-48　真中に男女の別を問わない車いす用のトイレが設置された公衆トイレ（右が女子用、左が男子用の入口）

トイレ内のベビーベッドやオムツ交換台は男女用ともに必要といわれています。

車いす対応トイレには、内部で車いすが回転できる広さを確保し、扉は幅８０cm以上の自動あるいは棒状ハンドルの引き戸、洗面台、適切に設置された手すり、緊急通報装置などが必要です。洗面台などには、車いすを考慮した高さやアームレスト、フットレストの入るクリアランスが必要です。また、車いすの介護者が異性の時でもトイレが使えるよう、入口やトイレの配置を工夫する必要があります。

公衆電話は、最近、携帯電話の普及によって数が減っていますが、大切なコミュニケーションの手段であり、２００～３００m程度に1箇所は必要です。目の不自由な人のために公衆電話の設置場所への誘導や点字による電話の操作案内も必要であり、また、高齢者や耳の不自由な人のために音量増幅機能を持った電話機の設置や、街の騒音の影響を防ぐために壁の設置が望まれます。車いすのためには、電話台の下に４５cm以上のフットレスト用の蹴込みを設け、台の高さは一般のものより低い７０cm程度のものも一緒に設置するとよいでしょう。また、テレフォンカードの種類を選ばない公衆電話の設置が望まれています。

写真 3-49(1)　車いす用公衆電話。床面積が右隣の普通の電話の 3 倍広くなっている

写真 3-49(2)　車いす用公衆電話の内部。電話機の位置が 40 cm 低く、その下に足が入るスペースをとっている

一一　電動車いすの使用

足の不自由な人が外出するために一般に車いすが使われます。車いすを自分で操作している人もいますし、誰かに車いすを押してもらいながら移動する人もいます。車いすには、手動のものと電動のもの（電動三輪車・電動四輪車）がありますが、最近は足腰が弱って自宅に閉じこもりがちな高齢者や足の不自由な人が一人で外出できる電動車いすが増加しています。

写真 3-50　手動式車いす（これはコンパクトなモーターで動くこともできるタイプのもの）

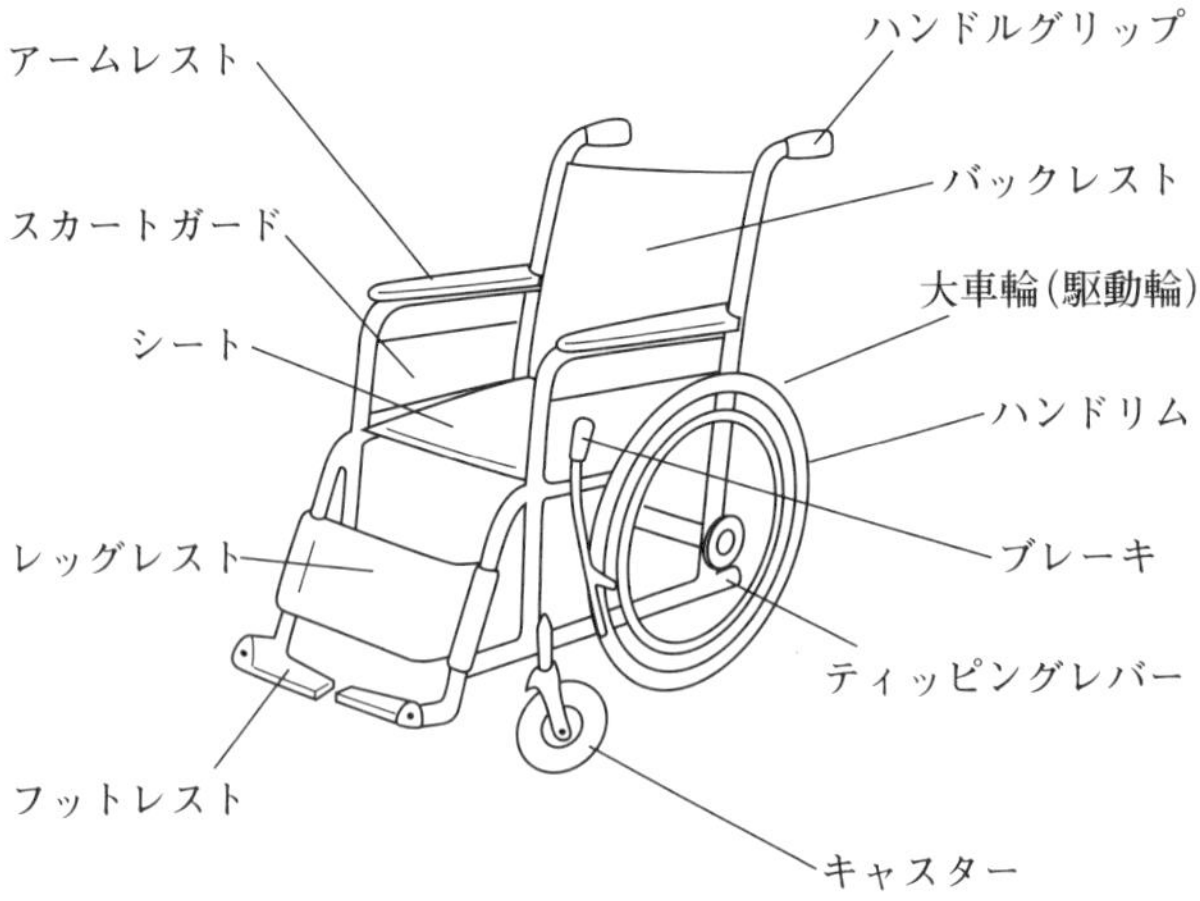

図 3-9　手動式車いす（例）

　電動車いすは、バッテリーに充電した電気の力で走り、手動式のように疲れることが少なく、路面の少々の凹凸は乗り越えて走ります。最高速度は大人の早足程度の時速6㎞以下と規定されています。値段も手ごろで、購入時は非課税で、運転免許も要らず、しかも『道路交通法』上、身体障害者用の車いすに該当するので、歩行者扱いとなり歩道上での走行が認められ、体力のない高齢者などでも一人で外出できる移動手段の一つとして人気上昇中です。

写真 3-51　電動車いす（四輪車）

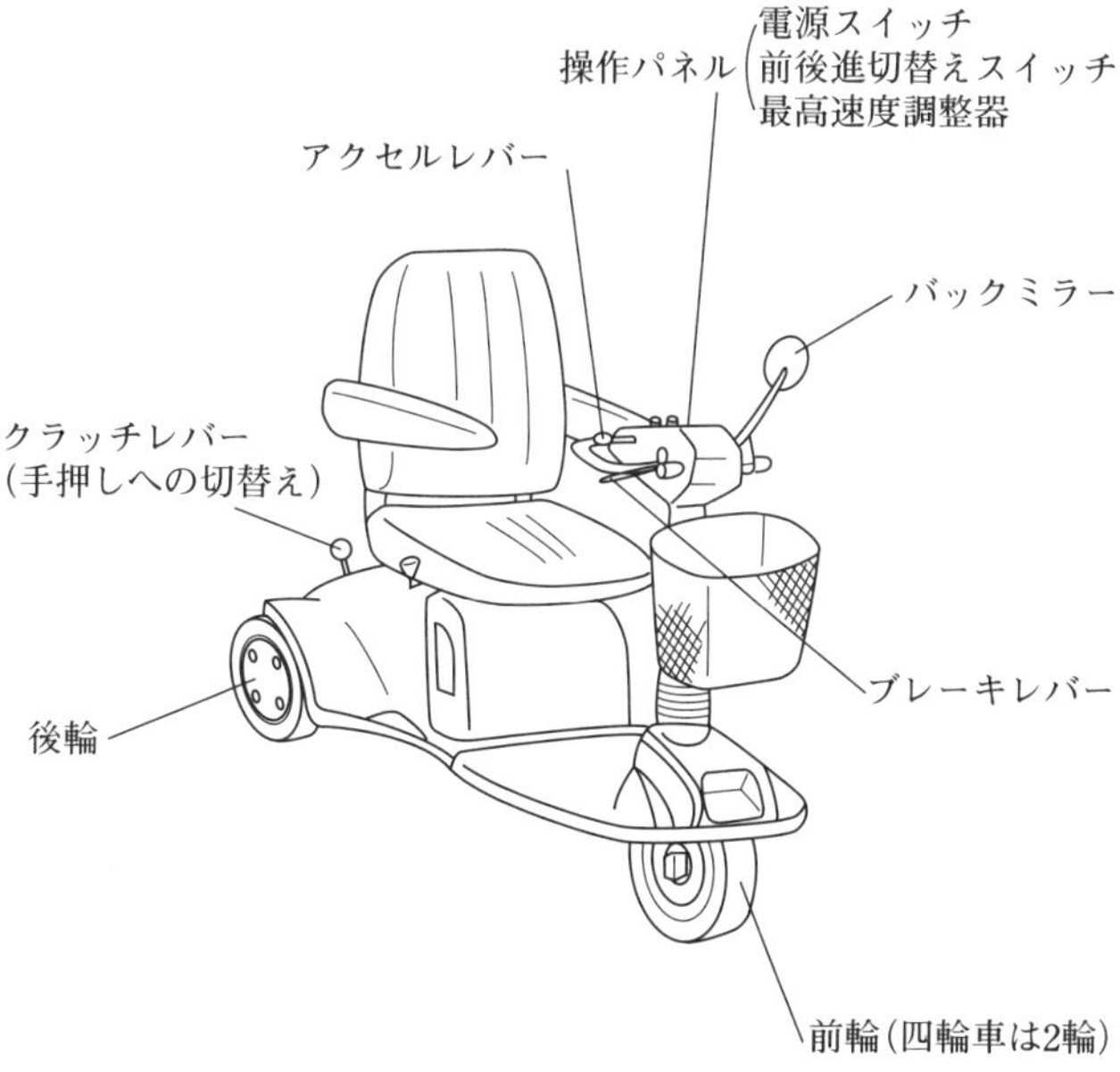

図 3-10　電動車いす（例）

しかし、普及台数に比例して電動車いすによる事故が増加しているのです。警察庁の調べでは２０００年の電動車いすの事故は１８７件、電動車いすの利用台数は約１０万台程度ですから、割合としては大きな数字になります。どこに原因があるのでしょうか。

電動車いすは、歩行者扱いなので、信号のない交差点での一時停止の義務がなく、路地から突然車道に飛び出すことがあるのです。しかも車高が歩行者より大分低く、反射板が貼っていないものは、夜間、自動車の運転者がその存在に気付くのが遅くなるのも事故になる原因だと考えられています。

電動車いすは、メーカーや機種によって多少の違いはありますが、ハンドルと簡単なアクセルレバーの操作で運転します。アクセルレバーを離すとブレーキがかかる仕組みです。手動ブレーキ、あるいは一定速度以上になると自動的にブレーキがかかる制動機能がついてないものもあり、坂道で自走してしまうこともあるのです。速度の調整を行うアクセルレバーには、親指で押すタイプと、ハンドルに手のひらと親指を置いて残った4本の指で押す、あるいは握るタイプがありますが、親指で押すタイプが最も操作がしやすいといわれています。

電動車いすは、運転講習の義務がなく、免許がなくても運転できるために、十分な練習をせずに街に出ることも多く、しかも利用者は運動能力の低下した高齢者が多いため事故が起きやすいのです。段差や勾配が大きな所で急ハンドルを切って転倒したり、川沿いの道で路肩から滑り落ちたり、バックで路上の障害物に乗り上げて転倒したり、アクセルレバーの扱いになれていないため急発進して歩行者や乳母車などに衝突したりすることも多いのです。そして、歩道のない道路で路側帯に車が駐車しているために道の真ん中に出てしまい、走行してきた自動車と衝突するという事故もあります。

また、電動車いすは、車幅に対して重心が高いため横方向に不安定で、傾斜の途中や段差のある所で回転すると、バランスを崩して転倒することが多いようです。街を移動するには小回りがきくと便利ですが、電動車いすの最小回転半径は、メーカーや車種によって１・０～１・５m程度となっています。手動式の車いすと比較しても重い電動車いすは、転倒するとけがをすることが多く、また車いすを起こすのもたいへんです。１人で移動していることが多く、また電動車いすの重量は軽いものでも車両重量が５０㎏もあるのです。

このような問題があるのにかかわらず、電動車いすは、高齢者や歩行が困難な人が１人で手軽に移動するための有用な手段として、今後ますます増えていくことが考えられます。電動車いすの事故を防ぐためには、横断歩道前の段差や溝などの障害物をなくし、歩道切下げなど横断勾配の少ない安全な歩行者道路の整備を急がなければなりません。また、スロープのない階段を運ぶのに普通の車いすでは2人で持ち上げられるものが、電動車いすの場合は4人以上で運ばなければならないといわれており、横断歩道などのスロープの整備やエレベーターの設置が必要になります。

電動車いすは、比較的新しい移動手段ですから、利用する側の不慣れ、歩行者や自動車運転手の認識不足もあり、また構造的にも転倒しやすいことから、運転技術や道路横断に係る交通ルールの習得が必要であり、電動車いす購入時の運転講習を義務付けていく必要があるようです。また、商店街などで電動車いすを貸し出している所もありますが、利用者への運転技術の指導講習や技術認定などを行って、安全を期さなければなりません。

電動車いすの構造の安定性が向上されることや、側面や背面に反射板を貼って夜間でも見落とされないような工夫を進めることも大切です。

電動車いすは、バッテリーが電源ですが、機種によって異なるものの、充電時間は6～１２時間程度、１回の充電で１０～２０㎞程度の走行が可能ですから、現在のところ日常の外出程度では屋外の充電スタンドは必要ないと思われますが、走行途中でのバッテリー切れがないようにバッテリーの残量がわかるように表示されていると便利です。今後、電動車いすの性能が向上し長距離の移動に使われるようになり、そしてバッテリーの充電に要する時間が短縮されれば、外出途中にも充電するための充電スタンドが必要になることも考えられます。

なお、現在使われている各種電動車いすの性能は、国民生活センターの比較試験の結果、次のように報告されています。

・平坦路を最高速度が出る状態で５ｍ走行してからブレーキをかけた時の停止距離は０・８～１・１ｍ、下り勾配（１０度）を最高速度が出る状態で２ｍ走行してからブレーキをかけた時の停止距離は機種によって異なるが、１・１～１・８ｍだった。
・全車種とも傾斜角度１０度の斜面の登坂は可能であった。速度設定ダイヤルが高速、中速の場合では安全装置が作動して登坂できなかったが、低速の設定の場合のみ登坂できたものがあった。
・２５㎜の段差に車輪を接触した状態からの乗り越える試験、および４０㎝の段差を５０㎝手前から助走して乗り越える試験の結果、すべての車種が前進では可能であったが、後進の場合には不可能なものがあった。
・幅および深さが１００㎜の溝を２ｍ手前から助走して踏破する試験では、全車種が踏破できた。
・傾斜角度３度の斜面に等高線に沿って幅１・２ｍ、長さ５ｍの走路を設け、最高速度で前進、後進走行した結果、全車種とも斜面直進走行が可能であった。

一二　道の「景感」を考える

道をつくるうえで満たすべき要件として「用・強・美」という言葉が使われることがあります。「用」とは、どれだけの交通量をさばくことができるかということなど、道としての機能を意味しています。「強」は構造、「美」は道の美しさ（景観）です。機能を追及していけば、結果的に美しさがついてくるという考え方もありますが、必ずしもそうではなく、美しさを実現するためにはそれなりの配慮が必要であるといわれています。

美しさを実現するための「それなりの配慮」は、「景観設計」という言葉に置き換えられて、路面の舗装や植栽、ストリートファニチャーなどにも取り入れられてきました。道路景観を向上させるためにいろいろな材料や工法が開発されましたが、これまでは「景観」という字のとおり、目で見て美しいと感じられるものが主流になっていたように思います。目で見て美しいものでも、それが道のバリアになっては意味がありません。

「景観を重視すると黄色い誘導用ブロックを使うのをためらってしまう」という話をよく聞きますが、確かに建設省（現在の国土交通省）の指針では、「視覚障害者誘導用ブロックの平板の歩行表面及び突起の色彩は、原則として黄色とする」となっています。しかし、これはかすかに路面の色を認識できる弱視者が黄色い誘導用ブロックを識別しやすいためということですから、例えば光や音や匂いやブロックの縁取りなどによってブロックを認識する方法を講じてもよいと考えれば、ある程度デザインの工夫は可能であるのではないかと思われます。

ユニバーサルデザインの思想から考えても、道路のデザインは視覚だけではなく聴覚や嗅覚、触覚などの五感によって心地よさが感じられるものを追求していかなければなりません。視覚障害者誘導用ブロックの表面は、もともと足ざわり（触感）によって感じられるように突起が付けられているのです。道のバリアを取り除き、誰でもが活動しやすい道をつくりながら、道を利用する人に心地よい思いをさせる。これが「景感の道づくり」

です。

これからの道づくりは、道の機能を求めながら、地域の風土の上に積み重ねられた固有の文化や歴史、生活の表現である道の個性を、五感によって感じ、心の安らぎや快適性として実現するために、それなりの配慮が必要であり、「景観」ではなく「景感」を追求していく必要があるように思います。街の雑踏やお寺の鐘の音、特有の匂いや道の広がり、街路樹を通して風などによって感じられる街のイメージがあります。安心して歩ける道かどうか、気持ちのよい街かどうかは五感によって感じとるものなのです。

写真 3-52　街路樹に囲まれて静かな歩道（新宿）

目で見る道の美しさも景感の大切な要素です。建物の屋根や壁の色、舗装の材料や色、あるいはモニュメントやストリートファニチャーなどの形、路上からの見通し、街路樹の茂り、そして夜間照明の光などによって快適な街が形成されているのです。

交差点の歩行者横断信号が緑色に点灯している時、「夕焼け小焼け」などの童謡のメロディが心地よく流れます。これがけたたましいベルの音だったり、サイレンの音だったらどうでしょうか。スピーカーから流れる時報や目の不自由な人のための音声による案内も景感に配慮して行わなければなりません。同時に街頭のスピーカーから流れる音楽や宣伝、自動車の騒音や自転車のベルの音などを小さくする工夫も必要です。自動車の騒音を避けるための遮音壁や吸音性のある舗装も実施されています。住宅街は騒音がなく閑静なことが望まれますが、静けさの中に風鈴や水の流れの音、虫の声など心地よい音が流れるのもよいものです。時を知らせるお寺の鐘の音や、オルゴールのメロディも、その街特有のものであり、その街にいる安心感を与えます。また、目の不自由な人にとってこれらの音が、時を知らせ、自分の居場所を確認できるということを含めて、どれだけ心地よく感じられるでしょうか。街の音にも配慮する必要があるのです。

写真 3-53　誘導用ブロックの内側はアスファルト舗装、外側は軟らかいゴムチップ舗装が施してある歩道（いには野）

目の不自由な人にとって、匂いは自分の位置や進む方向を知る重要な要素であるといわれます。街にはそれぞれ固有の匂いがあるといわれていますが、注意して道を歩くとそれぞれの場所にそれぞれの匂いがあることがわかります。ケーキ屋の前やトンカツ屋、焼き鳥屋、薬局、床屋、八百屋、魚屋、洋品店など、店の前にはそれぞれ固有の匂いがあるのです。店の前でなくても、公園や畑の近くでは土の匂いや植物の匂いがあり、街路樹の匂いは木の種類や季節によって違った匂いがあります。また、樹木や草の匂いが排気ガスなどの街に流れる悪臭を消す作用もあり、街を形成する大切な要素にもなります。これらの匂いは、目の不自由な人にとっての道しるべとなり、一般の歩行者にとっても季節を感じ、道を歩く楽しさを教えてくれるものであり、景感の道づくりには大切なものです。街路樹には、夏には涼しい木陰をつくり、冬は冷たい木枯らしを防ぐという働きもあり、休憩施設やバス停、あるいは駐輪場や駐車場などへの配置も効果的です。

舗装の素材や施工方法などによっては、同じ距離を歩いても疲れやすいものと疲れにくいものがあります。これは舗装の粗さや滑りやすさが大きく影響しているのです。また、触感の軟らかい舗装と硬い舗装とがあります。軟らかい弾力性のある舗装は、少しのことで転倒しやすい高齢者などにとって有用です。いには野では、歩道上の視覚障害者誘導用ブロックの建物側にレンガ色のゴムチップ舗装を施して、車道側の舗装との色の違いと同時に、舗装の軟らかさの違いによって、歩行者ができるだけ車道に寄らないような工夫がなされています。

また、階段の手すりやバス停の柱などの形状、街路樹やストリートファニチャーなどの配置を工夫することによって、心地よい風を感じる工夫などを行うことも景感を向上させるうえで必要なことと考えられます。

道は安全に歩けると同時に、安らぎを感じるものでなければなりません。道の安らぎは目で見えるものだけで感じられるものではなく、音を聴いたり、匂いをかいだり、物に触ったりしながら感じるものであり、「景感」を意識した道づくりが大切だと思います。

4 バリアフリー関連施策

一 バリアフリー施策のあゆみ

２０００年5月１０日、当時の運輸省、建設省、国家公安委員会と自治省が国会に提出した『高齢者、身体障害者等の公共交通機関を利用した移動の円滑化の促進に関する法律』（通称『交通バリアフリー法』）が成立しました。この法律ができるまでにも、日本国憲法の「すべての国民は個人として尊重される」とする条文をはじめとして、バリアフリーに関連したいろいろな法律や制度がつくられてきました。日本のバリアフリー化は欧米と比較して３０年ほど遅れているといわれてきましたが、これに追いつくためには『交通バリアフリー法』の精神を理解して、いかに運用していくかということが重要となります。

ここでは、日本におけるバリアフリー化の流れを欧米の動きと比較しながら、年代順に追って見ましょう（網掛け部分が日本での動き）。

1947年　・『日本国憲法』が制定され、「すべての国民は個人として尊重される」という条文が示される。
　・オランダで『障害者雇用法』が制定される。
　・西ドイツで『重度障害者法』が制定される。
1948年　・『中学校の就学義務並びに盲学校及び聾学校の就学義務及び設置義務に関する政令』が公布される。
1949年　・『身体障害者福祉法』が公布される。
1951年　・『社会福祉事業法』が公布される。
1952年　・国鉄が『身体障害者旅客運賃割引規程』を公示する。
　・パラリンピックの前身である第一回国際ストークマンデビル競技大会がイギリスで開催される。
1954年　・『盲学校、ろう学校及び養護学校への就学奨励に関する法律』が公布される。
1955年　・東京都杉並区に初めて音の出る信号機が設置される。
1957年　・『学校教育法』が改正され、養護学校への就学を就学義務の履行とみなすこととなる。
1958年　・『職業訓練法』が公布され、身体障害者職業訓練所設置を規定する。
1959年　・デンマークで、バンク・ミケルセンの唱えたノーマライゼーションの理念が基調になった『1959年法』が制定される。
1960年　・この頃、建築家の間でバリアフリーの考え方が生れる。
　・『道路交通法』が公布され、身体障害者の運転免許取得が可能となる。
　・ローマで第一回パラリンピック競技大会が開催される。
1961年　・アメリカで『身体障害者にアクセスしやすく使用しやすい建築・施設設備に関するアメリカ基準仕様書』が策定される。
1968年　・アメリカで『建築障壁除去法』が制定され、州の補助金を得て造営される建築物では、すべての人が利用できるような設計にしなければならないことが定められる。
1970年　・『心身障害者対策基本法』が制定される。

1971年
- 『道路交通法』の改正により、身体障害者用車いす利用者を歩行者として扱うことになる。
- パリで第六回ろうあ者世界大会が開かれ、『聴力障害者の権利宣言』が議決される。
- 第二六回国連総会で『知的障害者の権利宣言』が採択される。

1973年
- 厚生省が国として初めての福祉の街づくり事業である『身体障害者モデル都市事業』を創設する。
- 当時の国鉄が、上野駅に車いす用個室トイレを設置し改札口を拡張。また高田馬場駅に点字運賃表を設置する。
- アメリカで「適格な障害者は何人たりとも障害をもつという理由のみをもって、連邦政府から財政的援助を得ているいかなる事業においても参加を拒まれたり、受けるべき利益を損なわれたり、差別を受けることがあってはならない」という『リハビリテーション法』が制定される。

1974年
- 電電公社が、車いす用公衆電話ボックスを導入する。
- 郵政省が、テレビ放送における手話放送を開始する。
- 国連障害者生活環境専門家会議が『バリアフリーデザイン』と題する報告書をまとめ、国連でバリアフリーデザインを提起する。

1975年
- 『道路交通法施行規則』が改正され、運転免許の適正試験で補聴器の使用を認められることとなる。
- 第三〇回国連総会で『障害者の権利に関する宣言』が採択される。
- フランスで『障害者福祉基本法』が制定される。

1976年
- 警察庁が、視覚障害者用信号機の全国統一を決める。
- 『道路交通法』の改正により、視覚障害者が盲導犬を連れている場合には杖を携えていなくてもよいことになる。
- 警察庁が、駐車禁止除外指定車標章の交付を受けた車両については全国的に駐車禁止規制の対象から除外することを決定する。

1978年
- 『身体障害者福祉バス（リフト付き）設置事業』が創設される。

1979年　・厚生省が『障害者福祉都市』推進事業を創設する。

・郵政省が、既設郵便局の窓口ロビー出入口における段差を解消。

1981年　・国連がこの年を『国際障害者年』と定める。スローガンは「完全参加と平等」であり、完全参加という視点で街の障壁（バリア）を点検する活動などを進めることになる。

・東京で第一回国際アビリンピック（国際身体障害者技能競技大会）が開催され、以後4年ごとに開催されることになる。

1982年　・12月9日を『障害者の日』と制定する。

・建設省が、『身体障害者の利用を配慮した建築設計標準』を策定する。

1983年　・運輸省が、『公共交通ターミナルにおける身体障害者用施設設備ガイドライン』を策定する。

1985年　・建設省が、『視覚障害者誘導用ブロック設置指針について』を全国に通達する。

1986年　・厚生省が、『障害者の住みよいまちづくり事業』を創設する。

1990年　・アメリカで、すべての製品やサービスが障害者であることによって差別的な扱いをされることを禁止する法律、『ADA法（障害を持つアメリカ人法）』が制定され、製品やサービスを提供する企業などからロナルド・メイスが提唱する『ユニバーサルデザイン』の考えを取り入れる動きが起こる。

・厚生省が、『住みよい福祉のまちづくり事業』を創設する。

・通産省が、『心身障害者・高齢者のための公共交通機関の車両構造に関するモデルデザイン』を策定する。

・NHK教育テレビで手話ニュース放送を開始する。

・運輸省が、『鉄道駅におけるエスカレーターの整備指針』を策定する。

・建設省が、『福祉の街づくりモデル事業』を創設する。

・警察庁が、弱者感応式信号機を設置する。

1991年　・国連総会において、高齢者は、食料、水、住居、衣服、医療、労働およびその他の所得創出機会、教育、訓練、ならびに、安全な環境での生活に関するアクセスを有するべきであるという『高齢者のための国連原則』が採択される。

1992年
・『道路交通法』が改正され、身体障害者用の車いすの定義、および原動機を用いた身体障害者用車いすの形式認定制度を創設される。
・第四七回国連総会で12月3日を『国際障害者デー』とする宣言を採択する。

1993年
・運輸省が、『鉄道駅におけるエレベーターの整備指針』を策定する。また、『高齢者・障害者等のためのモデル交通計画』の策定の検討を始める。
・1970年に制定された『心身障害者対策基本法』を全面的に改正して、『障害者基本法』が公布される。

1994年
・『高齢者、身体障害者等が円滑に利用できる特定建築物の建築の促進に関する法律』(通称『ハートビル法』)が制定される。
・運輸省が、『公共交通ターミナルにおける高齢者・障害者等のための施設整備ガイドライン』を策定する。
・厚生省が、『障害者や高齢者にやさしいまちづくり推進事業』を創設する。
・建設省が、『人にやさしいまちづくり事業』を創設する。
・警察庁が、全国の都道府県警察に手話バッチを導入する。

1995年
・12月3日から9日までを『障害者週間』に制定する。

1996年
・建設省と厚生省が、『福祉のまちづくり計画策定の手引き』を全国に通知する。

1997年
・『介護保険法』が成立する。

1998年
・運輸省が、『交通施設バリアフリー化設備整備費補助制度』を創設する。
・国連の『国際高齢者年』が開始される。

2000年
・運輸省が、車いすでバスに乗り込む際の「介護人の同伴が必要」と定めていた通達項目を削除し、車いすの人が介護人なしで単独でバスに乗れるようになる。
・『高齢者、身体障害者等の公共交通機関を利用した移動の円滑化の促進に関する法律』(通称『交通バリアフリー法』)が施行される。

二　交通バリアフリー法

『交通バリアフリー法』は、妊産婦やけが人など一時的に街での移動が困難な人も含めて、高齢者や身体の不自由な人たちなどが、交通機関を利用して移動する際の利便性および安全性の向上の促進を図るために定められています。

日本は、他の国に例を見ないほどの速さで高齢化が進んでおり、２０１５年には国民の4人に1人が６５歳以上の高齢者という本格的な高齢者社会になると予測されています。また、身体の不自由な人がそうでない人たちと同等に生活し活動する社会を目指すという「ノーマライゼーション」の理念が社会へ浸透して、誰でもが平等に社会的サービスを受けることができるように配慮することが強く求められるようになりました。このような状況に対応するためには、身体が不自由で移動することが難しい人も自立した日常生活や社会生活を営むことができる環境の整備を急がなくてはなりません。

そのためには、電車やバスをはじめとする公共交通機関による移動が果たす役割がたいへん重要であり、これら公共交通機関に関連する施設のバリアフリー化を促進しなければならないのです。

この法律は6章２８条からなっており、次のように構成されています。

第1章『総則（第1～3条）』は、「（前略）高齢者、身体障害者等の公共交通機関を利用した移動の利便性及び安全性の向上の促進を図り、もって公共の福祉の増進に資する」という［目的］に加えて、この法律で使用している「高齢者、身体障害者等」、「移動円滑化」、「公共交通事業者」などという言葉の［定義］、そして「移動円滑化を総合的かつ計画的に推進するため、移動円滑化の促進に関する基本方針」を定めるのは主務大臣であるということなど、この法律における基本的な項目を掲げています。

ここで、「高齢者、身体障害者等」とは、「高齢者で日常生活又は社会生活に身体の機能上の制限を受けるもの、身体障害者その他日常生活又は社会生活に身体の機能上の制限を受ける者をいう」とうたわれており、具体的には加齢によって知覚機能や運動機能が低下した高齢者、目の不自由な人や耳の不自由な人、手足の不自由な人に加えて、妊産婦やけが人などとしています。

第2～4章には、この法律の仕組みが記載されています。その内容を簡単にまとめると、次のようになります。

一 「基本方針」は、主務大臣（国土交通大臣、国家公安委員会および総務大臣）が次の事項について作成します。

① バリアフリー化の意義および目標に関する事項。
② バリアフリー化のために公共交通事業者などが講ずべき措置に関する事項。
③ 市町村が作成する基本構想の指針となるべき事項。
④ バリアフリー化の促進のための施策に関する基本的な事項、その他移動円滑化の促進に関する事項。

二 「基本構想」は、主務大臣が作成した基本方針に基づいて市町村が、関係する公共交通事業者等、道路管理者および都道府県公安委員会と協議しながら作成します。基本構想に定める項目には、次のようなものがあります。

① 一定の要件（1日当りの平均的な利用者の人数が5千人以上など）に該当する駅などの旅客施設およびその周辺の重点的に整備すべき地区（重点整備地区）の位置および区域。
② 旅客施設、道路、駅前広場などについて、移動円滑化のための事業に関する基本的事項。
③ その他。

三 公共交通事業者等、道路管理者、都道府県公安委員会、一般交通用施設（駅前広場、通路など）および公共用施設（駐車場、公園など）の管理者は、市町村による基本構想の作成に努めて協力しなければなりません。

四　公共交通事業者、道路管理者および都道府県公安委員会は、それぞれ公共交通特定事業、道路特定事業および交通安全特定事業の具体的な実施計画を基本構想に沿って作成し、その事業を実施しなければなりません。

五　移動が困難な人が公共交通機関を利用する際に、負担を軽減することによって、移動がより容易かつ安全にすることができるために施設や車両などの整備を実施する基準（「移動円滑化基準」）には、主務省令によって次のようなことが定められます。

①　エレベーター、エスカレーターの設置。

②　視覚障害者誘導用ブロックの設置。

③　車いすが通るための幅の確保。

④　身体障害者用トイレの設置。

⑤　低床バスの導入。

⑥　鉄道車両の車いすスペースの確保。

⑦　鉄道車両の視覚案内装置の設置。

⑧　その他。

六　公共交通事業者等には、次の事業を行う時は、移動円滑化基準に適合させることが義務付けられています。

①　旅客施設の建設もしくは大規模な改良。

② 車両などの新たな事業（既設の施設、車両などについては、「移動円滑化基準」に適合させるために必要な措置を講ずるよう努めなければなりません）。

七　主務大臣は、移動に支障のある人が安心して外出し、公共交通機関を利用することができるようにするために、どの施設がバリアフリー化されているか、どのような経路を選択すれば支障なく公共交通機関を利用できるかなど、公共交通事業者等からのバリアフリー化の情報を総合的な視点から整理・加工して、一元的に提供する事業を「指定法人」として指定した公益法人に行わせることができます。公益法人の監督は国が行います。

八　国は、公共交通事業者等の設備投資などに対する支援措置およびバリアフリー化に関する研究開発の推進とその成果の普及に努めなければなりません。

九　「国民は、高齢者、身体障害者等の公共交通機関を利用した円滑な移動を確保するために協力するよう努めなければならない」として、移動が困難な人に対する理解と協力、すなわち「心のバリアフリー」を国民の責務としています。

第5章「雑則」には、国や地方公共団体および国民の責務などが定められており、最後の第6章「罰則」には、この法律に違反した場合の罰金刑を定められています（『交通バリアフリー法』の条文は、付録に掲載しています）。

また、この法律を受けて、関連省庁より次のような関連の政令や省令が出され、施行されています。

・平成12年10月4日　政令第443号　『高齢者、身体障害者等の交通機関を利用した移動の円滑化の促進に関する法律施行令』

・平成12年10月4日　総理府・運輸省・建設省・自治省令第1号　『高齢者、身体障害者等の公共

交通機関を利用した移動の円滑化の促進に関する法律施行令第1条第2号に規定する旅客施設を利用する高齢者及び身体障害者の人数の算定に関する命令』

・平成１２年１１月1日　運輸省・建設省令第9号　『高齢者、身体障害者等の公共交通機関を利用した移動の円滑化の促進に関する法律施行規則』

・平成１２年１１月1日　運輸省・建設省令第１０号　『移動円滑化のために必要な旅客施設及び車両等の構造及び設備に関する基準』

・平成１２年１１月1日　運輸省告示第３４９号　『移動円滑化のために必要な自動車の構造及び設備に関する細目を定める告示』

・平成１２年１１月１０日　運輸省令第３７号　『高齢者、身体障害者等の公共交通機関を利用した移動の円滑化の促進に関する法律第２１条第1項第1号に規定する移動円滑化のための事業を定める省令』

・平成１２年１１月１５日　建設省令第４０号　『重点整備地区における移動円滑化のために必要な道路の構造に関する基準』

・平成１２年１１月１５日　国家公安委員会・運輸省・建設省・自治省告示第1号　『移動円滑化の促進に関する基本方針』

・平成１２年１０月２５日　国家公安委員会規則第１７号　『高齢者、身体障害者等の公共交通機関を利用した移動の円滑化の促進に係る信号機等に関する基準を定める規則』

三　バリアフリー化のために必要な道路の構造に関する基準

『交通バリアフリー法』第４条（基準適合義務等）を受けて、『移動円滑化のために必要な旅客施設及び車両等の構造及び設備に関する基準』（平成１２年１１月１日運輸省、建設省令第１０号）および『重点整備地区における移動円滑化のために必要な道路の構造に関する基準』（平成１２年１１月１５日建設省令第４０号）が示されていますが、ここでは後者の『道路の構造に関する基準』のみ、概要を記すこととします。

『道路の構造に関する基準』は、市町村が作成する基本構想に即して、道路管理者が歩道や道路用エレベーターなどの設置、歩道の段差や傾斜・勾配の改善など、バリアフリー化のために必要な事業を行う際に適合を義務付ける基準として制定されたものです。この基準によれば、「『道路法』、『道路構造令及び道路構造令施行規則』に定めているもののほかは、この省令で定めるところによる」とされており、次のようなものが示されています。

一　歩道など

①　高齢者や身体の不自由な人が通常利用する経路となる道路には、歩道（自転車歩行者道路を含む）を設置し、自動車と分離した通行空間を確保すること。

②　歩道および自転車歩行者道の有効幅員は、『道路構造令』に定めている値以上（車いすがすれ違うことを考慮して２ｍ以上）とし、高齢者や身体の不自由な人の交通の状況を考慮して定めること。

③　舗装は、原則として雨水を地下に円滑に浸透させることができる構造とし、平坦で、滑りにくく、かつ水はけのよい仕上げとする。

④　縦断勾配は、原則として５％以下とする。

⑤　車両乗入れ部を除く横断勾配は、原則として１％以下とする。
⑥　歩道などには、車道または自転車道と接続して縁石線を設ける。
⑦　歩道などに設ける縁石の高さは、１５㎝以上とする。
⑧　歩道などの車道などに対する高さは、５㎝を標準とする。
⑨　横断歩道に接続する歩道などの縁端は、車道などより高くし、その段差は２㎝を標準とする。
⑩　横断歩道に接続する歩道部分は、車いす使用者が円滑に回転できる構造とする。
⑪　歩道切下げ部においても、横断勾配１％以下とし、平坦部分の有効幅員は２ｍ以上とする。

二　立体横断施設

①　高齢者や身体の不自由な人が車道などを横断するために、必要な箇所にはバリアフリー化された立体横断施設を設ける。
②　立体横断施設には、原則としてエレベーターを設けるものとする。ただし、昇降の高さが低い場合にはエレベーターに代えて傾斜路を設けることができる。また、高齢者や身体の不自由な人の交通状況によって必要な場合にはエスカレーターを設けるものとする。
③　エレベーターは車いす使用者が円滑に乗降できる構造のものであって、内法《のり》幅および内法《のり》奥行きは１・５ｍ以上、昇降路の出入口の有効幅は９０㎝以上とする。
④　エレベーターのかご内には、鏡および手すり、開扉時間を延長する機能、かごの現在位置を表示する装置、到着階や扉の開閉を音声により知らせる装置、車いす使用者が円滑に操作できる操作盤、点字を貼り付けるなど、目の不自由な人が容易に操作できる操作盤を備えるものとする。

⑤　エレベーターの停止する階の乗降口には、到着するかごの昇降方向を音声によって知らせる装置を設けるものとする。

⑥　立体横断施設に設ける傾斜路は、有効幅員２ｍ以上、縦断勾配５％以下、横断勾配０％で、両側に二段式の手すりを両側に設け、手すりの端部付近に傾斜路の通ずる場所を示す点字を貼り付けるものとする。

⑦　傾斜路の路面は平坦で滑りにくく、かつ水はけがよい仕上げとし、接続する歩道などとの色の輝度比を大きなものとする。

⑧　高さが７５㎝を超える傾斜路においては、高さ７５㎝以内ごとに踏み幅１・５ｍ以上の踊り場を設ける。

⑨　エスカレーターが必要な場合は、上り専用のものと下り専用のものとをそれぞれ設置し、踏み板の有効幅は１ｍ以上とする。

⑩　立体横断施設の通路の有効幅員は２ｍ以上とし、通路の両側には二段式の手すりを設置する。

⑪　立体横断施設の階段の有効幅員は１・５ｍ以上とし、両側に二段式の手すりを設け、階段の高さが３ｍを超える場合は、その途中に踏み幅１・２ｍ以上の踊り場を設けるものとする。

三　乗合自動車および路面電車停留所

①　乗合自動車の停留所における歩道の高さは１５㎝を標準とする。

②　路面電車の乗降場の有効幅員は、両側を使用するものは２ｍ以上、片側を使用するものは１・５ｍ以上とする。

③　乗降場と路面電車の旅客乗降口の床面とは、できる限り平らとする。

④ 乗降場は、縁石線により区画し、車道側に柵を設ける。
⑤ 乗合自動車および路面電車の停留所には、ベンチ、およびその上屋を設ける。
⑥ 路面電車の乗降場と車道との高低差がある場合には、勾配が5％以下の傾斜路を設ける。

四　視覚障害者誘導ブロック、その他

① 歩道などにおける立体横断施設の通路、乗合自動車停留所、路面電車、停留場の乗降場および自動車駐車場の通路には、必要と認められる箇所に視覚障害者誘導用ブロックを敷設する。
② 視覚障害者誘導用ブロックの色は、黄色その他周囲の路面と識別できる色とする。
③ 歩道などには、適当な間隔でベンチおよびその上屋を設ける。
④ 歩道などおよび立体横断施設には、原則として照明施設を連続して設ける。
⑤ 乗合自動車停留所、路面電車停留所、自動車駐車場には、バリアフリー化が必要と思われる箇所に照明施設を設ける。
⑥ 歩道などにおいて、積雪または凍結により移動弱者の安全かつ円滑な通行に著しく支障がある場合には、融雪施設、流雪溝または雪覆工を設ける。

四　バリアフリー化の促進に関する基本方針

『交通バリアフリー法』第3条第1項の規定「主務大臣は、移動円滑化を総合的かつ計画的に推進するため、移動円滑化の促進に関する基本方針を定めるものとする」という条文に基づいて、国家公安委員会、運輸省、建設省、自治省は、公共交通機関のバリアフリー化を総合的かつ計画的に推進するために、バリアフリー化の目標などを基本方針として定めています。その概要は、次のようなものです。

一　バリアフリー（移動円滑）化の意義

・高齢者や身体の不自由な人たちの社会参加が促進され、社会的・経済的に活力ある社会が維持されること。

・すべての利用者に利用しやすい施設・設備の整備が実現すること。

二　バリアフリー化の目標

・1日当りの平均的な利用者の数が5千人以上の鉄軌道駅、バスターミナル、旅客船ターミナルおよび航空旅客ターミナルにおいて、10年後の2010年（平成22年）までに次のようなバリアフリー化を進める。

①　すべての段差を解消する。

②　視覚障害者誘導用ブロックを整備する。

③　身体障害者用トイレを設置する。

・車両のバリアフリー化を2010年までに次のように進める。

①　鉄軌道車両の約３０％（約1万5千車両）をバリアフリー車両とする。

②　乗合バスのすべてを原則として１０～１５年で低床化された車両に代替し、そのうちの２０～２５％（約1万2千～1万5千台）をノンステップバスとする。

③　旅客船の約５０％（約５５０隻）をバリアフリー化する。

④　航空機の約４０％（約１８０機）をバリアフリー化する。

・重点整備地区内の主要な特定経路を構成する道路、駅前広場、通路などについては、原則として２０１０年までにバリアフリー化を実施する。

・２０１０年までに、音響信号機、高齢者等感応信号機などの信号機の設置、歩行者用道路であることを表示する道路標識の設置、横断歩道であることを表示する道路標識の設置などのバリアフリー化を原則としてすべての特定経路を構成する道路について実施する。

三　交通事業者などが講ずべき措置

・旅客施設の出入口からすべての乗降場に至るまでのバリアフリー化を実施する。

・車両などのバリアフリー化にあたっては、高齢者や身体の不自由な人が健常者とともに利用できる形での施設整備を図る、いわゆるユニバーサルデザインの考え方を十分留意して実施する。

・旅客施設内の視覚情報や聴覚情報を含めた案内情報の適切な提供を行う。

・交通事業者などの職員に対して、高齢者や身体の不自由な人たちの多様なニーズや特性を理解し適切な対応ができるよう、研修の実施や対応マニュアルの整備などにより教育訓練を充実させるように努力する。

四　基本構想の指針

市町村が基本構想を作成する時に留意しなければならない必要事項を示しています。

・重点整備地区におけるバリアフリー化の意義。

・バリアフリー化推進のための基本的視点。

①　市町村の基本構想作成による事業の効果的な推進。

②　基本構想作成への関係者の積極的な協力による事業の一体的な推進。

③　地域住民などの理解と協力。

・基本構想作成にあたっての留意事項。

①　目標の明確化。

②　都市計画との調和。

③　地方公共団体の基本構想との整合性。

④　地方公共団体のバリアフリー化に関する条例、計画、構想などとの調和。

⑤　各種事業の連携と集中実施。

⑥　高齢者、身体障害者などの意見の反映。

・重点整備地区の位置および区域に関する基本的事項。

・特定旅客施設、特定車両、特定経路を構成する一般交通施設および当該特定旅客施設または一般交通施設などと一体として利用される公共用施設についてバリアフリー化のために実施すべき特定事業その他の事業に関する基本的事項。

・併せて実施する土地区画整理事業、市街地再開発事業その他の市街地開発事業に関しバリアフリー化のために考慮すべき基本的な事項。

五　バリアフリー化の促進のための施策に関する基本的事項

・国および地方公共団体は、バリアフリー化のための設備投資に対する支援、調査および研究開発を促進させ、バリアフリー化の状況に関する情報の提供、心のバリアフリーに関する国民の理解を深めるための啓発や教育活動を行う。

・国民は、高齢者や身体の不自由な人に対する理解を深めるとともに、手助けなどを積極的に協力する。

五　高齢者や身体の不自由な人のための交通事故対策

２０００年中に発生した交通事故における死者の数は９０６６人でしたが、このうちで歩行中の死亡者は２５４０人（２８％）、自転車乗用中の死亡者は９８４人（１０・９％）もありました。また、歩行中における交通事故死亡者のうち６５歳以上の高齢者は６１・２％、自転車乗用中における交通事故死亡者のうち６５歳以上の高齢者は５４・２％という高い数字が報告されています。

「交通安全白書（平成１２年度版）」によれば、全歩行者の交通事故による死傷者数は8万3千名程度で推移しているのに対して、車いす利用者の交通事故による死傷者は年々増え続け、平成7年に１４８名だったのが平成１１年には約１・５倍の２３３名になったと報告されています。

車いす利用者の事故は道路横断中よりも背面・対面通行中に起きているものが多く、狭い歩道の段差や障害物あるいは路側帯に駐車している自動車を避けるために車が通るスペースを通行せざるを得なかったのが原因になっていると思われます。

このような現状も踏まえて、政府は平成１３年度から１７年度までの5年間に国および地方公共団体が実施すべき交通安全施策の大綱を定めた『第七次交通安全基本計画』を作成していますが、その中で「道路交通の安全」に関するものに次のような項目をあげています。

① 高齢者の交通安全対策の推進。

② シートベルト、チャイルドシート着用の徹底。

③ 安全かつ円滑な道路交通環境の整備。

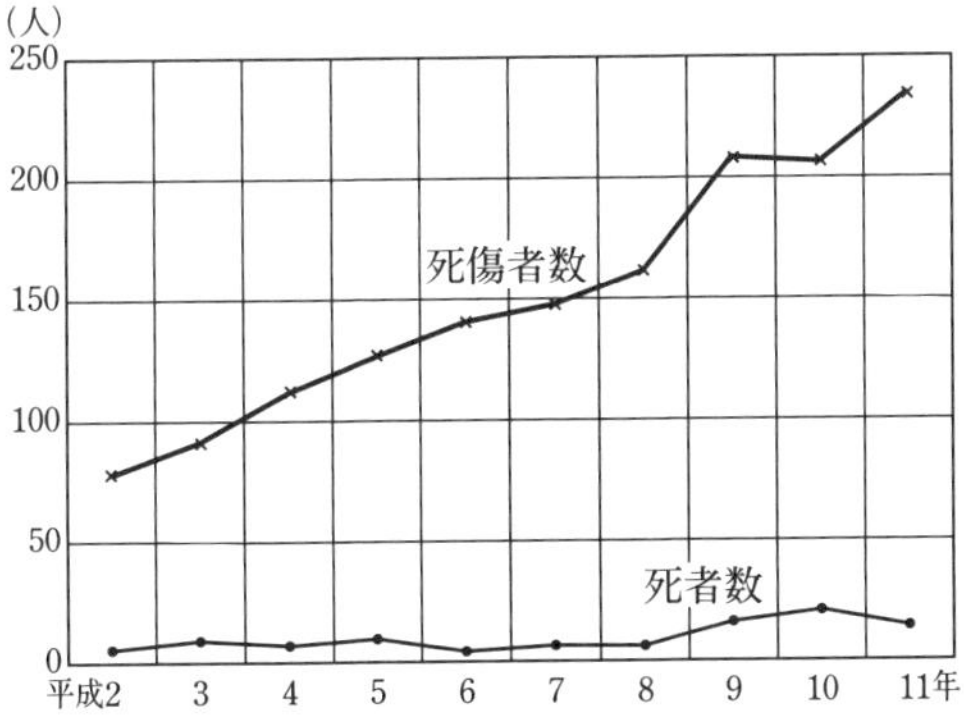

図 4−1　車いす利用者の交通事故による死傷者数と死者数の推移（平成 12 年度版　交通安全白書より）

④　交通安全教育の推進。
⑤　車両の安全性の確保。
⑥　効果的な指導取締りの実施。
⑦　救助・救急体制の整備。
⑧　被害者対策の充実。
⑨　交通事故調査・分析の充実。
⑩　市民参加型の交通安全活動の推進。

歩行者空間のバリアフリー化については、高齢者や身体の不自由な人、子育てをしている人など、道を移動するのが困難な人たちが街に出て活動することができるように、歩行者に優しい道路を整備することが重要であるとして、『交通バリアフリー法』に基づいて次のような措置を講ずることが求められています。誰もが歩きやすい幅の広い歩道、歩道の段差・傾斜・勾配の改善、エレベーターやエスカレーターなどの昇降装置の付いた立体横断施設の整備、安全な通行を確保するための道路標識・道路標示、目の不自由な人のための音響式誘導装置の付いた信号機や高齢者など感応信号機、歩行者感応信号機などの整備などが、面的かつネットワークとして行われるように配慮する。また、バリアフリー歩行空間が有効に利用されるように、視覚障害者誘導用ブロックや歩行者用の案内標識などにより、公共施設の位置や施設までのバリアフリー経路などを適切に案内する。そして、積雪による歩道幅員の減少や凍結による転倒の危険増大などの冬期特有の障害に対しても、鉄道周辺や中心市街地、通学路など、特に安全で快適な歩行空間の確保が必要な所においては、歩道などの除雪の重点的な実施や『交通バリアフリー法』の特定事業として融雪施設、流雪溝、雪覆工の整備なども推進するとしています。

安全かつ円滑な道路交通環境の整備については、住宅地区や商業地区などへの通過交通の侵入を抑え、地区内の歩行者などの安全を確保するために、コミュニティ・ゾーンの形成を図ること、バイパスや環状道路の整備や郊外における駅などの周辺に駐車場を整備することによって、パーク・アンド・ライド（P＆R）を推進することなどがあげられています。

パーク・アンド・ライドとは、自宅から市街地周辺のターミナルまで自家用車で移動し、そこからは公共交通機関などに乗り換えて都心に入るという通勤スタイルで、乗車するのがバスならばパーク・アンド・バスラ

写真 4-1　歩行者用信号が青の時、メロディーや鳥の鳴き声などで歩行者を誘導する音声信号。信号の右下に小さなスピーカーが付いている

写真 4-2　雪で有効幅員が減少した歩道

イドとなり、地下鉄や電車の場合はパーク・アンド・レールライドとなります。この手法はヨーロッパで狭い城壁内の旧市街地への車の乗入れを規制するために考案されたもので、パリやハンブルグ、ミラノなどではすでに定着しているシステムです。日本でも各地で導入の試みが盛んに行われており、これまで約５０もの自治体が試行、導入して成果をあげているといわれています。２５年ほど前からパーク・アンド・ライドを導入している神戸市では、市営地下鉄、神戸電鉄が沿線の１６の駅に駐車場を確保しており、これらを含むパーク・アンド・ライド用の駐車場の収容能力は5千台以上にもなります。また、奈良市ではパーク・アンド・ライドの実施のほかに、観光が最盛期の休日には市役所の駐車場を観光客に無料開放して、用意してある自転車（放置自転車のリサイクル）で観光できるシステムのパーク・アンド・サイクルライドを考案し効果をあげているといわれています。ターミナルに駐車場がなくても自宅から駅まで車を使わなければならない時は、奥さんが駅まで車で送ることになりますが、ちなみにこれを「キッス・アンド・ライド」といいます。しかし、駅の周辺が自家用車で混雑し、好ましい形態ではありません。

交通の安全は、住民の安全意識によって支えられることから、安全で良好なコミュニティの形成を図ることが大切です。交通安全対策に関して住民が計画段階から実施全般にわたって積極的に参加できる仕組みづくりなどを進め、幼児から成人に至るまでの段階的かつ体系的な交通安全教育、および高齢者や身体の不自由な人たちに対する適切な交通安全教育を国や地方公共団体、警察、学校、関係民間団体と家庭が連携して実施することが必要です。

歩行者の安全が確保され、安心して歩ける道が整備されなければ、本当の意味での道のバリアフリー化を実現するのは不可能であると思います。高齢者や身体の不自由な人が街に出て自由に活動できるためにも、「交通安全基本計画」の完全実施が期待されます。

5　人にやさしい歩きの道づくり

一　人にやさしいコミュニティ・ゾーン

歩行者が安全快適に街を歩くために、車道と分離された歩道の整備が進められてきました。しかし、車道は連続しているのに、歩道は交差点などで途切れてしまいます。歩行者は危険な車道を横断しなければ連続した移動ができません。横断歩道や歩道橋などの車道を横断する施設がつくられていますが、歩行者はいつも車の脅威にさらされているのです。車道の横断は健常者にとっても移動のバリアなのですから、高齢者や身体の不自由な人にとっては何十倍も大きなバリアとなります。歩車道が分離されておらず、自動車がスピードを出して歩行者を押しのけながら走っている狭い道路はもっと危険です。路側帯の区画線があっても役に立っていないことの方が多いのです。

道が歩行者と自動車の混合交通である以上、弱小な歩行者には危険が伴います。まずは、一般の歩行者に対するバリアを取り除かなければ、高齢者や身体の不自由な人が安心して出かけられるバリアフリーの道は実現しません。

せめて住宅地区における生活道路や買物をする商店街路だけでも車の心配なしに歩きたい、その思いが歩車共存の道路「コミュニティ道路」を誕生させました。

コミュニティ道路の考え方は、もともとオランダの「ボン・エルフ」が始まりです。ボン・エルフとは「生活の庭」という意味です。道は歩行者や居住者のものであり、人が移動するだけのものではなく、子供が三輪車に乗ったり、道に座り込んで遊んだり、大人達がのんびり立ち話をしたり散歩したりする場所であり、自動車はこれらを慎重に避けながら進まなければならないのです。

写真 5-1　歩車共存の道路（川口）

コミュニティ道路では、歩行者は道路空間のすべてを自由に歩くことができますが、自動車は限られた空間を歩行者の移動の速度に合わせて走らなければなりません。コミュニティ道路における自動車の走るスペースには、シケイン（蛇行）やチョッカー（狭窄）、ハンプ（路面のコブ）などがつくられます。こうすることによって、自動車はスピードを上げて走ることができなくなり、その結果、生活道路を通り抜けるだけのスピードを出す自動車が減り、交通事故も減少することになるのです。生活道路に入ってくる車は、その街に住んでいるか、あるいはその街に買物など用事がある人の車だけとなり、当然車と歩行者との一体感が生れることになります。コミュニティ道路は、歩行者優先の自動車が走れる道なのです。

１９８０年に、日本で初めて整備された大阪市長池のコミュニティ道路では、整備した前後の交通調査結果を次のように報告しています。

①　歩行者と自転車の交通量は、それぞれ４２％、６１％の増加を示したが、自動車は４０％減少した。

②　自動車の走行速度が平均時速5㎞、最高速度で時速8㎞ほど低下しており、運転者のアンケート調査でも「スピードを出しにくい道路」との回答が９０％もあった。

③　駐停車の延べ台数が4分の1に減少し、駐停車時間も約2時間から平均１０分へと大幅に短くなった。

④　近傍交差点の交通量や周辺道路の駐停車状況に、変化は見られなかった。

⑤　住民の計画に対する賛否の調査については、条件付賛成を含めれば、賛成は９０％となり、自分の家の前がコミュニティ道路にすることに対しては、７０％の賛成があった。

しかし、このような生活の道としてのコミュニティ道路の整備も、生活空間における道路網の中の一路線だけでは不十分です。なぜなら、コミュニティ道路を避けた車は抜け道として並行する別の生活道路に集中するため、そこでは歩行者は再び危険な思いをしなければならなくなるからです。生活空間の中の道がすべてコミュニティ道路となり、安全快適な空間にならなければ本当の意味での安心して歩ける道づくりにはなりません。

次に登場するのが、コミュニティ道路などの面的整備とゾーン規制などの交通規制を適切に組み合わせた「コミュニティ・ゾーン」です。

コミュニティ・ゾーンの考え方は、オランダでは１９８３年、ドイツでは１９８５年に『ゾーン速度抑制法』として条文化されています。これは都市の幹線道路で囲まれた居住地区を「ゾーン３０」と指定するもので、幹線道路からゾーン内に入る道路の入口には「ゾーン３０」の標識を立て、その中では車の速度を徐行に近い時速３０㎞に制限しようとするものです。当然、ゾーン周辺の幹線道路には歩道が設置されていることが前提です。ゾーンから幹線道路に出る出口には、ゾーン解除の標識が立っています。「ゾーン３０」を実施した結果、交通事故が２０％減少したと報告されている例もあります。

しかし、時速３０㎞では、急ブレーキをかけても車は完全に停車するまで１０m以上も走ってしまいます。判例では徐行の速度を時速１０㎞以下としていることが多いそうですから、ゾーン内の自動車の速度はせいぜい時速２０㎞以下とするのが妥当ではないかと思われます。ヨーロッパでは、「ゾーン」の速度を時速３０㎞にこだわらず、「ゾーン２０」や「歩行者専用ゾーン」などという使い方も見られます。

ちなみに、大正時代の交通法規では、町中を走る自動車の制限速度は時速１６㎞だったそうです。車の数が圧倒的に多い現代の方が速度規制が緩いのはなぜなのでしょう。当時の車でも最高時速は８０㎞程度出せたそうですから、スピードが出なかったというのが理由ではなさそうです。

自動車の交通量が少なくてスピードを出すこともなければ、地域の住民が歩いて外出することが多くなり、互いに接触する機会が増えますから、自然に交流が深まります。交通量の異なる2つの地域で、それぞれの住民にアンケートした結果、自動車交通量の少ない地域の住民は頻繁に路上で立ち話をして交流しているのに対し、自動車交通量の多い地域の住民は道路で立ち話もできず、地域の人間関係がほとんどなかったという報告もあります。

日本でも「ゾーン」の考え方は、三鷹市や荒川区などで実践されており、平成１３年度から始まった第七次交通安全基本計画の施策の中にもうたわれて全国に広まろうとしています。

安心して歩ける街をつくるために、学校、病院、商店街も含めた生活街区を、内部の道路をすべてコミュニ

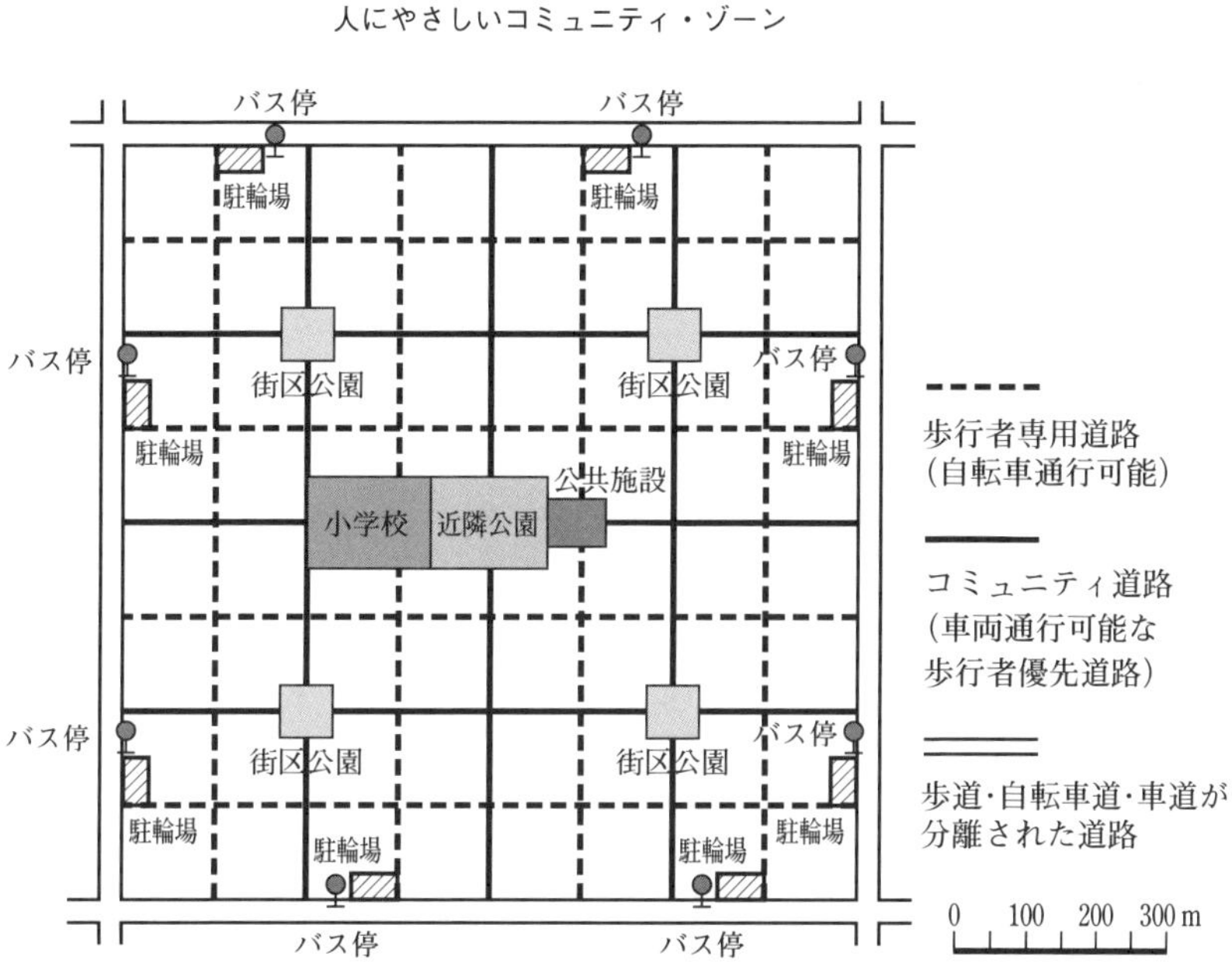

図 5-1　コミュニティ・ゾーン概念図

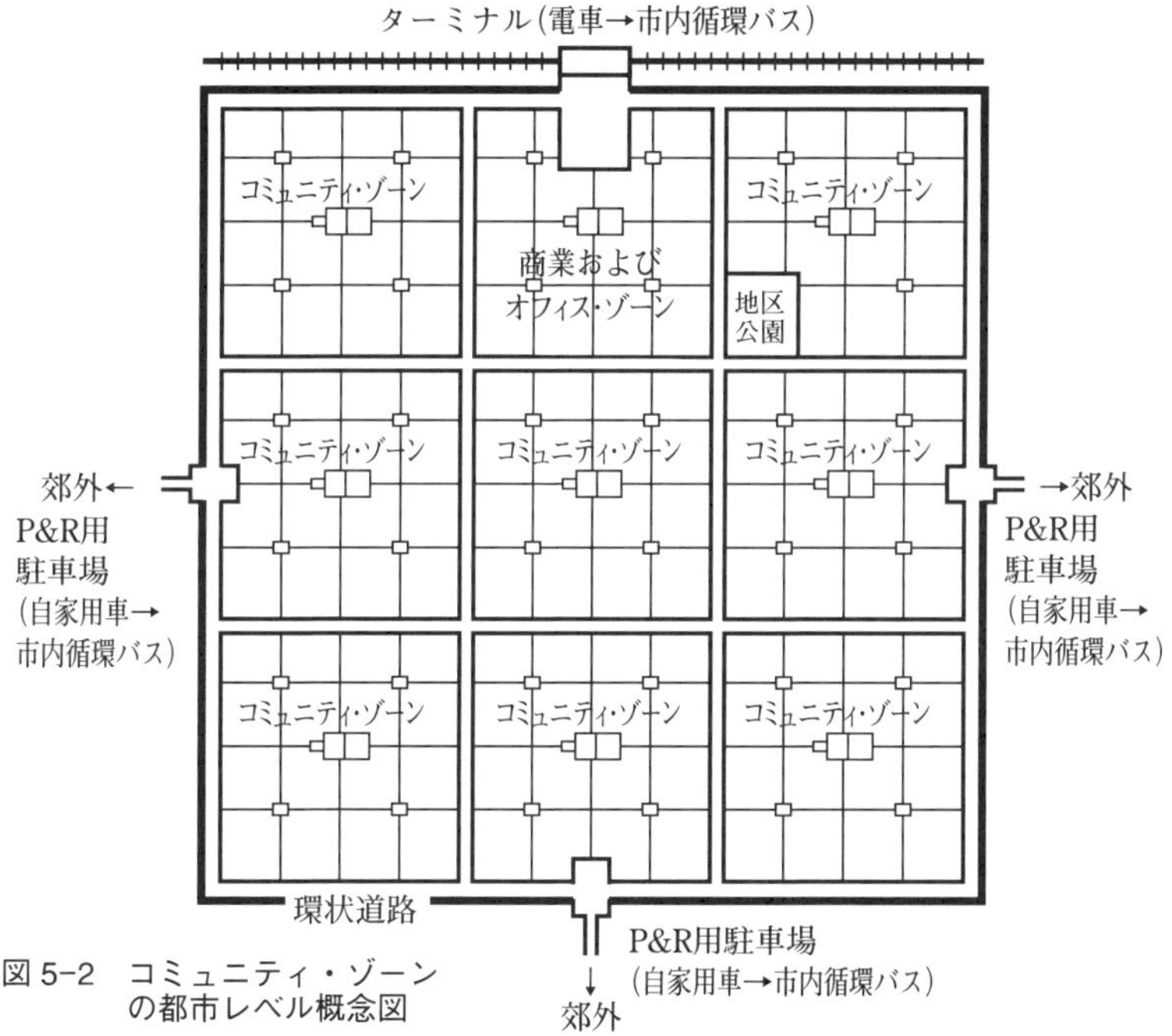

図 5-2　コミュニティ・ゾーン
の都市レベル概念図

ティ道路あるいは歩行者専用道路として、「コミュニティ・ゾーン」に指定してはどうでしょうか。コミュニティ・ゾーンの広さは、その中を歩いて移動できるということを考えると、通常の小学校区にあたる１００ha（１０００m×１０００m）程度が適当ではないかと思われます。もちろん既存の街区の場合は、幹線道路に囲まれた街の形状に合わせて、おおよそこの程度の広さを考えればよいのです。歩行者優先のコミュニティ・ゾーンができれば、容易に道のバリアを取り除くことが可能となり、高齢者や身体の不自由な人もゾーン内を安全・快適に移動し、自由に活動することができるのです。

　コミュニティ・ゾーンの特徴は、内部の道がすべて自動車走行を規制しているところにあります。これまでは、道路網の一部、歩行者の多い箇所を局部的に規制したものが多かったのですが、これでは規制でスピードを出せなくなった車が近くにある規制されていない生活道路に集中し、事故や渋滞が起きることになります。危険な道が代るだけで、自動車走行を規制した意味がありません。コミュニティ・ゾーンの整備とともに、ゾーンの外にはバイパスなど車が通過するための道路整備も大切です。

　コミュニティ・ゾーンを囲んで、通勤用バスや路面電車などが走る中距離輸送のため市街地幹線道路が必要になります。幹線道路では歩道と自転車道が車道とが分離されています。コミュニティ・ゾーンの中から市街地幹線道路の歩道まで徒歩あるいは自転車で移動し、幹線道路にあるバスや路面電車の停留所、あるいは地下鉄や電車の駅から公共交通機関によって都心などに通勤・通学することになるのです。

　歩車分離の幹線道路は歩行者優先の道ではありません。ですから、歩行者はある程度の我慢をしなければなりませんが、できるだけ十分な有効幅員を持った誰でもが移動しやすい歩道や車道横断施設、安全な自転車走行スペース、誰でもが安心して移動できる誘導施設、適宜に配置された休憩施設や誰でもが入れる公衆トイレなどの必要施設、そしてバリアフリー化された停留所や駅、必要箇所には駐輪場や駐車場などを整備する必要があります。

いくつものコミュニティ・ゾーンが集まって一つの都市ができます。そこには、都市と都市、都市と地方を結ぶ長距離輸送のためのターミナルがあり、長距離鉄道や自動車専用道路などに接続することができるのです。

二　コミュニティ・ゾーンの道路

市街地幹線道路からコミュニティ・ゾーンに入る道路の出入口には、幹線道路側からゾーン内部に向かって「これより先はゾーンです」という表示の標識と、ゾーン内部から幹線道路に向かって「ゾーンはこれでおしまい、この先は一般道路です」と表示された標識が立てられます。

ゾーンの出入口は、できるだけ幹線道路の歩道の高さに近づけます。こうすることによって幹線道路からゾ

写真 5-2　歩行者専用ゾーン（自転車も可）の入口を示す標識（ライプチヒ）

写真 5-3　ゾーンの出口を示す標識（ライプチヒ）

写真 5-4　枝道を渡る横断歩道の高さを歩道に合わせて段差をなくしている（世田谷）

ーン内に入る車にとっては出入口がハンプの役目をすることにもなり、ゾーンに出入りする車のスピードを制御できるのです。また、出入口を横断して歩道を進む歩行者や車いすの利用者にとっては、歩車道間の段差が少なくなるのです。段差は0とせずに、目に不自由な人が出入口であることを認知できるように、縁石によって1cm程度の段差を付けます。

幹線道路の車道から出入口に上がる勾配は、横断歩道部分の歩道としての有効幅員を確保することが前提ですが、歩道切下げに準じて車道との段差を5cm程度とったうえで、15％以下にするのがよいでしょう。出入口と幹線道路の歩道とが交差する部分は、縁石や区画線ではっきり明示し、夜でもわかるように照明などで明示することが必要です。

幹線道路同士の交差点には、横断歩道を設けて分離信号を設置します。また、幹線道路の横断歩道は、１００m程度に1箇所の間隔で設置し、そこには歩行者のための押しボタン信号機が必要です。横断歩道の信号機は、できれば高齢者などが携帯する無線発信機を感知して、歩行者用信号が青である時間が延長される高齢者など感応信号機を設置したいものです。

車道には、必要に応じて荷さばきなどのための駐車帯を設け、バス停はノンステップバスに対応できるようにテラス式とします。歩道は、車いすなどが余裕を持ってすれ違うことができるように有効幅員を２・５m以

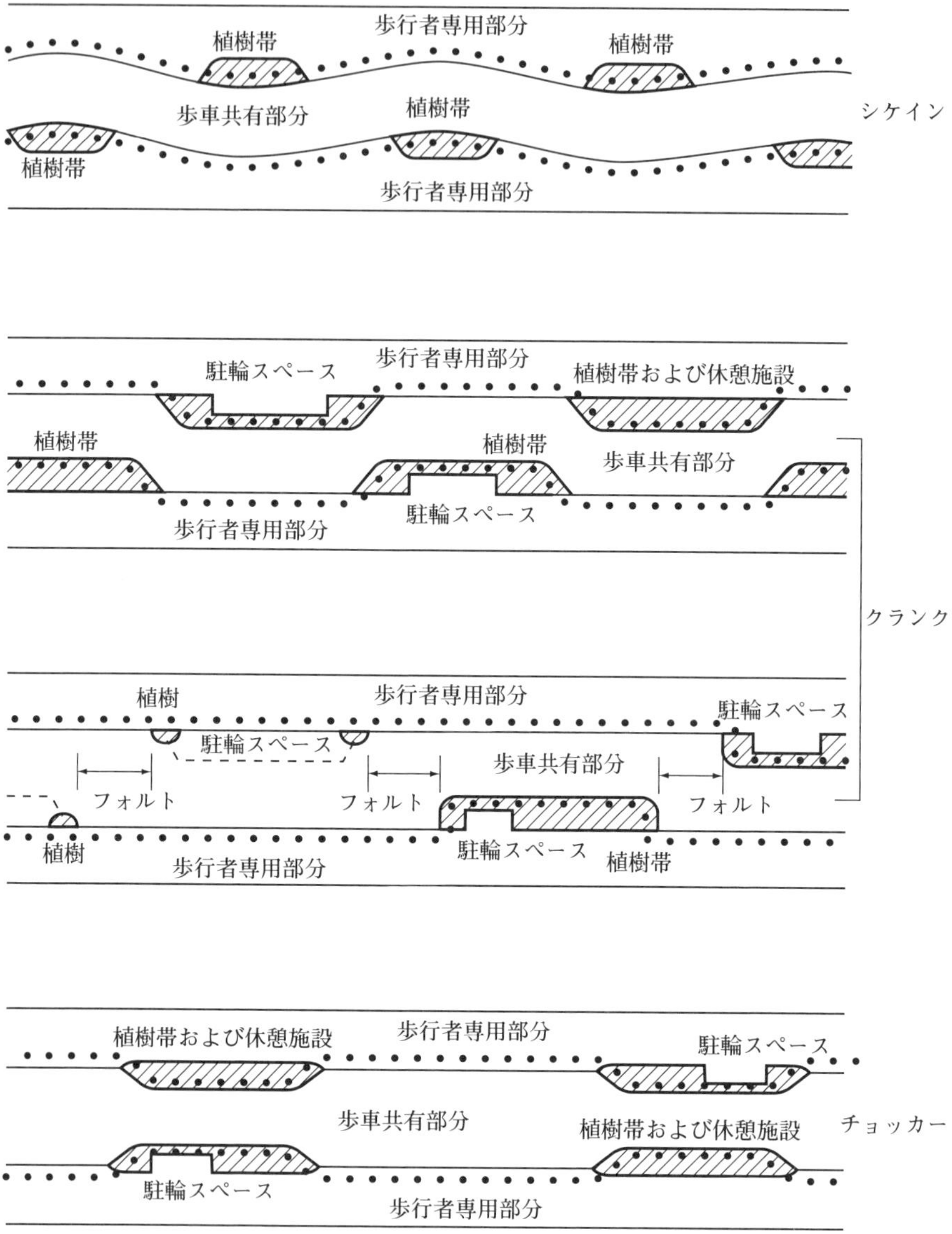

図 5-3　コミュニティ道路の概念図

上として、自転車の走行スペースを別に設ける必要があります。

ゾーン内の道路は、すべて歩行者優先で、歩行者専用道路と歩車共存のコミュニティ道路で構成されます。車の進入が可能なコミュニティ道路は、路面の材質や色彩、あるいは縁石によって平面的に歩車共有部分と歩行者専用部分とに仕切られ、さらに車が歩行者専用部分に進入できないようにベンチやボラードなどのストリートファニチャー、あるいは植栽などが断続的に配置されます。歩車共有部分は、自動車と自転車、そして歩行者が安全に共用するスペースであり、歩行者専用部分は、車いすなども含めて歩行者だけが安全に移動できるスペースです。歩行者は、歩行者専用部分から歩車共有部分に、あるいは歩車共有部分から歩行者専用部分に自由に移動できますが、自動車は、駐車場に入る以外には歩行者専用部分に乗り入れることはできません。

道路の幅員は、歩行者専用部分を優先し、車いすなどがすれ違うことができるだけのスペースを確保しますが、歩車共有部分は、自動車1台が通れるだけの幅員があればよいとします。車がスピードを出してすれ違わないためには、歩車共有部分の幅員が５ｍ以上で連続させてはなりません。また、道路の幅員に余裕があっても、センターラインを引くことはありません。センターラインによって二車線にすると車がスピードを出すようになるからです。幅員に余裕があれば、歩行者専用部分に使うべきなのです。歩行者専用部分は広すぎることはありません。

歩行者優先部分の有効幅員を広げるために、電線などの地中化を進め、植栽やストリートファニチャーなどの施設の配置を工夫することも重要です。

歩行者専用部分は、景感に配慮しながら、車いすなどでも移動しやすい平滑で滑りにくい舗装が施されます。必要箇所に視覚障害者誘導ブロックが設置され、ベンチなどの休憩施設は、長い距離を歩行できない人のために１００ｍ程度に1箇所は必要となります。

写真 5-5　歩道を利用した駐輪スペース。自転車が整列している（新宿）

自転車は時速２０km以上の速度が出ることがあるうえ、後ろから迫ってきても歩行者が周囲の音のために気付かないことが多く危険なので、原則として歩車共有部分を走ることとし、歩行者専用部分の走行は制限するのがよいでしょう。自転車は歩行者と比べて縦に長いため小さなクランクは通りにくいことや、車いすと比べて高さがあるため低いゲートは通りにくいことなどを考えれば、ゲートなどを使用して歩行者専用部分での自転車通行の規制を工夫することができると思います。また、通勤通学用と違って商店や公共施設で用事をするためにゾーン内を移動する自転車は、駐輪する時間も短いため、それぞれの商店や公共施設など用意した小規模な駐輪スペースに停めることができます。路上の駐輪スペースは、それぞれの商店や公共施設などが歩行者交通の妨げにならないように、道の景感に配慮しながら管理するのがよいでしょう。また、通勤・通学用など長時間駐輪する自転車のためには、バス停近くに公共の駐輪場を確保する必要があります。

コミュニティ・ゾーン内部での自動車の速度は「時速２０km以下」というように法的に規制されて標識が設置されますが、それと同時に物理的に車がスピードを出せないように、また自動車がゾーン内を通り抜けることができないように特殊なゲートなどを工夫することも大切です。

車が進入できない歩行者専用道路は、細長い公園と同じです。ゾーンが住居地区の場合は「緑道」の形態をとり、商業地区の場合には「買物公園」の形態をとることになります。ここでは自転車は通行できますが、安全を考えると、速度は時速１０km以下に規制する必要があると思われます。

緑道の場合は、側面に植栽を施して潤いのある空間をつくります。路面は段差をなくし、排水勾配も１%程度に設定して平坦性を確保し、平滑で滑りにくい舗装として視覚障害者誘導用ブロックを設置し、電線類の地

写真 5-6　商店街の歩行者専用道路（ウィーン）

写真 5-7　流れのある歩行者専用道路（世田谷）

中化などによって車いすでも十分にすれ違うことができる幅員を確保します。歩行のための有効幅員は、４m以上確保することが必要です。高齢者や身体の不自由な人にも配慮したベンチや車いすでも使えるテーブル、水飲み場などのある休憩施設や、足元を照らす照明や案内表示板、植栽なども必要です。

　植栽の中には水の流れなどを設け、鳥のさえずりや木々の香りがただようビオトープをつくるのもよいでしょう。また、風や水によって音を出す装置などは、目の不自由な人にとっては自分のいる場所を知る手段ともなり、耳の不自由な人にとっては目で見て音を感じながら安らぐことができます。

写真 5-8　道路と商店の入口の段差をなくす

　緑道の維持管理は、樹木の剪定やゴミの処理など行政が行うのが原則ですが、日常の清掃などは地域住民を中心とした利用者によるボランティアの支援も必要と思われます。いずれにしても最初に役割分担や責任の所在などを十分に話し合っておくことが必要です。

　買物公園の場合は、出入口が幹線道路に面していると便利です。そこにはバリアフリー化されたバスの停留所、大都会の場合には地下鉄の駅などがあり、車いすでも使える公衆トイレや休憩施設、他所の地域から自転車で来る人のための駐輪場などが整備されます。

　出入口付近には、買物公園であることを示す看板や標識、内部を案内する点字を使った案内板が必要です。出入口付近は、歩行者の出入りが多く危険なことから、警告の意味で局部的にオレンジ色などの夜間照明も効果的であるといわれています。また、イベントを行うためのスペースなど、商店街を活性化させる施設の工夫も必要ですが、道路と商店の境界や商店内部に段差などのバリアがなく、高齢者や身体の不自由な人も快適に買物ができる店づくりが大切です。買物公園の清掃などの維持管理は、商店街が中心となって行われますが、行政がこれに十分な支援をすることも必要です。

三　自動車の速度を規制する

ゾーン内の道路は「生活のための道」であり、自動車ではなく歩行者が主人公ですから、自動車の速度を規制すると同時に、ゾーン内を通過するだけの自動車は排除しなければなりません。

車が生活道路を通り抜けできないようにするためには、袋小路システムや迂回システム、一方通行システムなどの手法が使われます。また、自動車の速度を規制するための手法としては、自動車の走るスペースを蛇行させるシケインやクランク、自動車の走行スペースの幅員を狭ばめるチョッカー、路面にコブをつくるハンプや点滅警告信号などが使用されます。通り抜けができる道路でも常に車を徐行させるように速度規制をすることが必要なのです。自動車の速度は、歩行者の歩く速度を考慮して時速２０km以下に規制するのがよいでしょう。

袋小路システムには、道そのものが行き止まりとなるもの（クルドサック）と、歩行者などは進めるが、自動車はポールやフェンスなどによって前に進めなくなるもの（遮断）とがあります。また、迂回システムは、交差点に斜め遮断を設けることによって通過交通を迂回させてゾーンから排除するものです。斜め遮断とは、交差点をフェンスや花壇などで対角線状に遮断し、車が物理的に通り抜けできなくするものです。また、交差点の

クルドサック（袋小路）

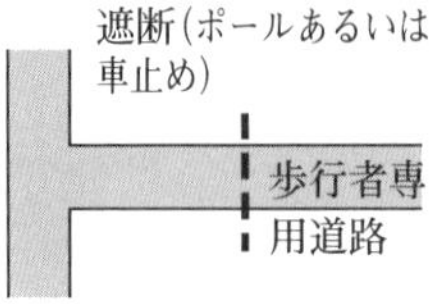

道の途中で自動車を遮断

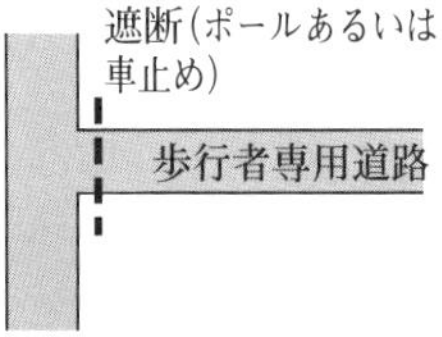

生活道路への自動車の遮断

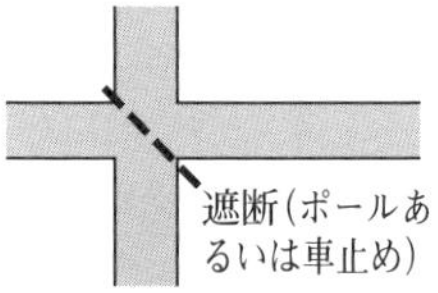

交差点を斜め遮断

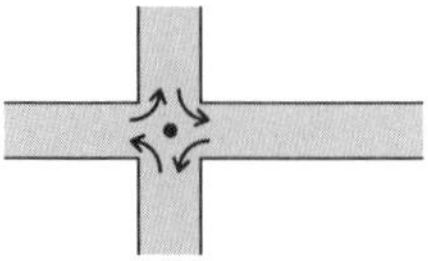

交差点での右折・直進の禁止

図5-4　車の通り抜けを防ぐための遮断や規制（例）

中央に花壇などを置いて障害物として交差点に入ってくる車をすべて左折させ、迂回させることも行われています。袋小路システムや迂回システムにおいて車を遮断するために設けるポールなどは、緊急車両などの進入が可能となるように、必要に応じて取外しができるようにします。

シケインやクランク、チョッカーによって歩車共有部分を蛇行させると、自動車が路上をジグザグにしか走行できないためスピードを出せなくなり、また、障害物となる緩衝施設によって見通しが悪くなるために注意

写真 5-9　道の途中で自動車だけを遮断している（カンタベリー）

写真 5-10　交差点の中で自動車を遮断して迂回させている（シェブロン）

写真 5-11　住宅街の入口で自動車の進入を遮断している（いには野）

深い運転が要求されるようになります。緩衝施設として使われるのは、フェンスやボラード、植栽などですが、歩車共有部分の左右に4~5台程度の駐車帯、あるいは駐輪スペースを緩衝帯として左右交互に設けるのも効果的です。駐車帯や駐輪帯の前後に比較的背の高い樹木を植えると、道路景感の向上にも役立ち、また、歩行者専用部分に乗り上がろうとする自転車に注意を促すことにもなります。歩行者専用部分を緩衝施設として歩車共有部分に張り出し、ベンチなどを置いて休憩スペースとすることもあります。左右に設置した緩衝施設が

写真 5-12　植栽や花壇、ベンチによるシケインの例（横浜）

写真 5-13　ポールを使って自動車の走行幅員を狭めたチョッカーの例（三鷹）

切れて有効幅員が多少広くなる部分を「フォルト」と呼びますが、この場所を車のすれ違いや集配達の車などの一時停車のスペースとして利用することができます。

自動車の速度を制御する有効な手法の一つに「ハンプ」があります。ハンプとはラクダの「こぶ」の意味ですが、走行部分の舗装面に部分的な出っ張りをつくったものです。ハンプの上を減速せずに通過すれば、車は跳ね上がり、車に乗っている人に大きな衝撃を与えますから減速効果が大きいといわれています。

写真 5-14　車道の中に配置されたゴム製のドーム型ハンプ（ロンドン）

写真 5-15　インターロッキングブロックを使った横断ハンプの例（いには野）

ハンプには、路上にドーム状の盛り上がりをつくるものと、走行幅いっぱいに道路を横断するように盛り上げるものとがあります。ドーム型のハンプは、幅が１～２ｍ、高さ１０～１５㎝程度の大きさで、路面と同じアスファルトコンクリートを盛り上げたもののほかに、ゴムでつくられているものもあります。ゴムによるものは、ハンプの存在が認識しやすく、また速度を落としていれば比較的スムースに走行できるようです。道を横断する形のハンプは、幅が３０～５０㎝、高さが１５㎝程度のアスファルトコンクリートでつくられているものと、コンクリートブロックやタイルなどを使って幅が5～８ｍ程度、高さが１５㎝程度のものが見られます。ハンプは、通過する前にこれに気付いて自動車の速度を落とさせるのが目的ですから、アスファルトコンクリートの場合などは、ハンプであることを警告するために表面に彩色したり、周囲の舗装の色と異なる色の素材を使用することなどが行われています。

ハンプは、交差点の手前や幹線道路への出口に設置するのが一般的ですが、そのほかに自動車走行部分の途中に設置されているものもあります。交差点手前や幹線道路への出口には、道を横断する形のハンプがよく使われ、自動車走行部分の途中にはドーム型のものと横断肩ハンプの両方が使われています。

また、路面にハンプを波状に連続させて設置する方法も行われています。ハンプが連続していると、自動車の振動も連続しますが、ハンプの高さや間隔を変えると、自動車の速度によって振動による衝撃が大きくなるものがあるため、規制したい速度に合わせた高さや間隔のハンプの連続をつくることによって、自動車の規制速度をある程度コントロールすることができます。

舗装の色を一部分変えるだけの、「イメージハンプ」と呼ばれるものもあります。走行衝撃がありませんが、運転者に注意を促すという効果があります。

緩衝施設を左右同位置に設置して、局部的に走行幅員を狭くするチョッカー（狭窄）という手法は、車の運転者にとっては見通しが遮られないためスピードを落とすことが少なく、車両交通量が少ないゾーン内ではあまり効果がないといわれることもあります。

ゾーン内を通過する自動車を進入させないためには、自動車の速度を規制して走りにくくする方法のほかに、ゾーン内の自動車走行スペースを途中で遮断（進入禁止）して、袋小路をつくるのが最も効果的ですので、ゾーン内の道路にはできるだけ取り入れたいものです。また、交差点を斜めに遮断しての通過交通の迂回、車両交通の一方通行など、ゾーン内から通過車両を排除する方法もとられています。自動車が進入して来なければ、高齢者や体の不自由な人も安心して道を歩くことができ、子供たちも安心して路上で遊ぶことができるのです。

【付　録】

高齢者、身体障害者等の公共交通機関を利用した移動の円滑化の促進に関する法律

（平成十二年五月十七日法律第六十八号）

目次

第一章　総則

（目的）

第一条　この法律は、高齢者、身体障害者等の自立した日常生活及び社会生活を確保することの重要性が増大していることにかんがみ、公共交通機関の旅客施設及び車両等の構造及び設備を改善するための措置、旅客施設を中心とした一定の地区における道路、駅前広場、通路その他の施設の整備を推進するための措置その他の措置を講ずることにより、高齢者、身体障害者等の公共交通機関を利用した移動の利便性及び安全性の向上の促進を図り、もって公共の福祉の増進に資することを目的とする。

（定義）

第二条　この法律において「高齢者、身体障害者等」とは、高齢者で日常生活又は社会生活に身体の機能上の制限を受けるもの、身体障害者その他日常生活又は社会生活に身体の機能上の制限を受ける者をいう。

2　この法律において「移動円滑化」とは、公共交通機関を利用する高齢者、身体障害者等の移動に係る身体の負担を軽減することにより、その移動の利便性及び安全性を向上することをいう。

3　この法律において「公共交通事業者等」とは、次に掲げる者をいう。

一　鉄道事業法（昭和六十一年法律第九十二号）による鉄道事業者（旅客の運送を行うもの及び旅客の運送を行う鉄

道事業者に鉄道施設を譲渡し、又は使用させるものに限る。）

二　軌道法（大正十年法律第七十六号）による軌道経営者（旅客の運送を行うものに限る。）

三　道路運送法（昭和二十六年法律第百八十三号）による一般乗合旅客自動車運送事業者

四　自動車ターミナル法（昭和三十四年法律第百三十六号）によるバスターミナル事業を営む者

五　海上運送法（昭和二十四年法律第百八十七号）による一般旅客定期航路事業（日本の国籍を有する者及び日本の法令により設立された法人その他の団体以外の者が営む同法による対外旅客定期航路事業を除く。以下同じ。）を営む者

六　航空法（昭和二十七年法律第二百三十一号）による本邦航空運送事業者（旅客の運送を行うものに限る。）

七　前各号に掲げる者以外の者で次項第一号、第四号又は第五号の旅客施設を設置し、又は管理するもの

4　この法律において「旅客施設」とは、次に掲げる施設であって、公共交通機関を利用する旅客の乗降、待合いその他の用に供するものをいう。

一　鉄道事業法による鉄道施設

二　軌道法による軌道施設

三　自動車ターミナル法によるバスターミナル

四　海上運送法による輸送施設（船舶を除き、同法による一般旅客定期航路事業の用に供するものに限る。）

五　航空旅客ターミナル施設

5　この法律において「特定旅客施設」とは、旅客施設のうち、利用者が相当数であること又は相当数であると見込まれることその他の政令で定める要件に該当するものをいう。

6　この法律において「車両等」とは、公共交通事業者等が旅客の運送を行うためその事業の用に供する車両、自動車、船舶及び航空機をいう。

7　この法律において「重点整備地区」とは、特定旅客施設を中心として設定される次に掲げる要件に該当する地区をいう。

一　特定旅客施設との間の移動が通常徒歩で行われ、かつ、高齢者、身体障害者等が日常生活又は社会生活において利用すると認められる官公庁施設、福祉施設その他の施設の所在地を含む地区であること。

二　特定旅客施設、当該特定旅客施設と前号の施設との間の経路（以下「特定経路」という。）を構成する道路、駅前広場、通路その他の施設（以下「一般交通用施設」という。）及び当該特定旅客施設又は一般交通用施設と一体として利用される駐車場、公園その他の公共の用に供する施設

（以下「公共用施設」という。）について移動円滑化のための事業が実施されることが特に必要であると認められる地区であること。

三　当該地区において移動円滑化のための事業を重点的かつ一体的に実施することが、総合的な都市機能の増進を図る上で有効かつ適切であると認められる地区であること。

8　この法律において「特定事業」とは、公共交通特定事業、道路特定事業及び交通安全特定事業をいう。

9　この法律において「公共交通特定事業」とは、次に掲げる事業をいう。

一　特定旅客施設内においてエレベーター、エスカレーターその他の移動円滑化のために必要な設備を整備する事業

二　前号の事業に伴い特定旅客施設の構造を変更する事業

三　公共交通事業者等が特定旅客施設を利用する旅客の運送を行うために使用する自動車（以下「特定車両」という。）を床面の低いものとすることその他の特定車両に関する移動円滑化のために必要な事業

10　この法律において「道路管理者」とは、道路法（昭和二十七年法律第百八十号）第十八条第一項に規定する道路管理者をいう。

11　この法律において「道路特定事業」とは、次に掲げる道路法による道路の新設又は改築に関する事業（これと併せて実施する必要がある移動円滑化のための施設又は設備の整備に関する事業を含む。）をいう。

一　歩道、道路用エレベーター、通行経路の案内標識その他の移動円滑化のために必要な施設又は工作物の設置に関する事業

二　歩道の拡幅又は路面の構造の改善その他の移動円滑化のために必要な道路の構造の改良に関する事業

12　この法律において「交通安全特定事業」とは、次に掲げる事業をいう。

一　高齢者、身体障害者等による道路の横断の安全を確保するための機能を付加した信号機、道路交通法（昭和三十五年法律第百五号）第九条の歩行者用道路であることを表示する道路標識、横断歩道であることを表示する道路標示その他の移動円滑化のために必要な信号機、道路標識又は道路標示（以下「信号機等」という。）の同法第四条第一項の規定による設置に関する事業

二　違法駐車行為（道路交通法第五十一条の二第一項の違法駐車行為をいう。以下この号において同じ。）に係る自転車その他の車両の取締りの強化、違法駐車行為の防止についての広報活動及び啓発活動その他の移動円滑化の

ために必要な特定経路を構成する道路における違法駐車行為の防止のための事業

（基本方針）

第三条　主務大臣は、移動円滑化を総合的かつ計画的に推進するため、移動円滑化の促進に関する基本方針（以下「基本方針」という。）を定めるものとする。

2　基本方針には、次に掲げる事項について定めるものとする。

一　移動円滑化の意義及び目標に関する事項

二　移動円滑化のために公共交通事業者等が講ずべき措置に関する基本的な事項

三　第六条第一項の基本構想の指針となるべき次に掲げる事項

イ　重点整備地区における移動円滑化の意義に関する事項

ロ　重点整備地区の位置及び区域に関する基本的な事項

ハ　特定旅客施設、特定車両、特定経路を構成する一般交通用施設及び当該特定旅客施設又は一般交通用施設と一体として利用される公共用施設について移動円滑化のために実施すべき特定事業その他の事業に関する基本的な事項

ニ　ハに規定する事業と併せて実施する土地区画整理事業（土地区画整理法（昭和二十九年法律第百十九号）による土地区画整理事業をいう。以下同じ。）、市街地再開発事業（都市再開発法（昭和四十四年法律第三十八号）による市街地再開発事業をいう。以下同じ。）その他の市街地開発事業（都市計画法（昭和四十三年法律第百号）第四条第七項に規定する市街地開発事業をいう。以下同じ。）に関し移動円滑化のために考慮すべき基本的な事項その他必要な事項

四　移動円滑化の促進のための施策に関する基本的な事項その他移動円滑化の促進に関する事項

3　主務大臣は、情勢の推移により必要が生じたときは、基本方針を変更するものとする。

4　主務大臣は、基本方針を定め、又はこれを変更したときは、遅滞なく、これを公表しなければならない。

第二章　移動円滑化のために公共交通事業者等が講ずべき措置

（基準適合義務等）

第四条　公共交通事業者等は、旅客施設を新たに建設し、若

しくは旅客施設について主務省令で定める大規模な改良を行うとき又は車両等を新たにその事業の用に供するときは、当該旅客施設又は車両等（以下「新設旅客施設等」という。）を、移動円滑化のために必要な構造及び設備に関する主務省令で定める基準（以下「移動円滑化基準」という。）に適合させなければならない。

2　公共交通事業者等は、新設旅客施設等を移動円滑化基準に適合するように維持しなければならない。

3　公共交通事業者等は、その事業の用に供する旅客施設及び車両等（新設旅客施設等を除く。）を移動円滑化基準に適合させるために必要な措置を講ずるよう努めなければならない。

4　公共交通事業者等は、高齢者、身体障害者等に対し、これらの者が公共交通機関を利用して移動するために必要となる情報を適切に提供するよう努めなければならない。

5　公共交通事業者等は、その職員に対し、移動円滑化を図るために必要な教育訓練を行うよう努めなければならない。

（基準適合性審査等）

第五条　主務大臣は、新設旅客施設等について鉄道事業法その他の法令の規定で政令で定めるものによる許可、認可その他の処分の申請があった場合には、当該処分に係る法令に定める基準のほか、移動円滑化基準に適合するかどうかを審査しなければならない。

2　公共交通事業者等は、前項の申請又は鉄道事業法その他の法令の規定で政令で定めるものによる届出をしなければならない場合を除くほか、旅客施設の建設又は前条第一項の主務省令で定める大規模な改良を行おうとするときは、あらかじめ、主務省令で定めるところにより、その旨を主務大臣に届け出なければならない。その届け出た事項を変更しようとするときも、同様とする。

3　主務大臣は、新設旅客施設等のうち車両等（第一項の規定により審査を行うものを除く。）若しくは前項の政令で定める規定若しくは同項の規定による届出に係る旅客施設について前条第一項の規定に違反している事実があり、又は新設旅客施設等について同条第二項の規定に違反している事実があると認める場合には、公共交通事業者等に対し、当該旅客施設又は車両等を移動円滑化基準に適合させるために必要な措置をとるべき旨の命令をすることができる。ただし、鉄道事業法その他の法律の規定で政令で定めるものによる事業改善の命令がある場合にあっては、当該命令によるものとする。

第三章　重点整備地区における移動円滑化に係る事業の重点的かつ一体的な推進

（移動円滑化基本構想）

第六条　市町村は、基本方針に基づき、単独で又は共同して、当該市町村の区域内の重点整備地区について、移動円滑化に係る事業の重点的かつ一体的な推進に関する基本的な構想（以下「基本構想」という。）を作成することができる。

2　基本構想には、次に掲げる事項について定めるものとする。

一　重点整備地区における移動円滑化に関する基本的な方針

二　重点整備地区の位置及び区域

三　特定旅客施設、特定車両、特定経路を構成する一般交通用施設及び当該特定旅客施設又は一般交通用施設と一体として利用される公共用施設について移動円滑化のために実施すべき特定事業その他の事業に関する事項

四　前号に規定する事業と併せて実施する土地区画整理事業、市街地再開発事業その他の市街地開発事業に関し移動円滑化のために考慮すべき事項その他必要な事項

3　基本構想は、都市計画及び都市計画法第十八条の二の市町村の都市計画に関する基本的な方針との調和が保たれ、かつ、地方自治法（昭和二十二年法律第六十七号）第二条第四項の基本構想に即したものでなければならない。

4　市町村は、基本構想を作成しようとするときは、これに定めようとする特定事業に関する事項について、関係する公共交通事業者等、道路管理者及び都道府県公安委員会（以下「公安委員会」という。）と協議しなければならない。

5　市町村は、基本構想を作成するに当たり、あらかじめ、関係する公共交通事業者等、道路管理者及び公安委員会に対し、特定事業に関する事項について基本構想の案を作成し、当該市町村に提出するよう求めることができる。

6　前項の案の提出を受けた市町村は、基本構想を作成するに当たっては、当該案の内容が十分に反映されるよう努めるものとする。

7　前二項に規定するもののほか、関係する公共交通事業者等、道路管理者その他の一般交通用施設及び公共用施設の管理者並びに公安委員会は、市町村による基本構想の作成に協力するよう努めなければならない。

8　市町村は、基本構想を作成したときは、遅滞なく、これを公表するとともに、主務大臣、都道府県並びに関係する公共交通事業者等、道路管理者その他の一般交通用施設及び公共用施設の管理者並びに公安委員会に、基本構想の写

しを送付しなければならない。

9　主務大臣及び都道府県は、前項の規定により基本構想の写しの送付を受けたときは、市町村に対し、必要な助言をすることができる。

10　第四項から前項までの規定は、基本構想の変更について準用する。

（公共交通特定事業の実施）

第七条　前条第一項の規定により基本構想が作成されたときは、関係する公共交通事業者等は、単独で又は共同して、当該基本構想に即して公共交通特定事業を実施するための計画（以下「公共交通特定事業計画」という。）を作成し、これに基づき、当該公共交通特定事業を実施するものとする。

2　公共交通特定事業計画には、次に掲げる事項について定めるものとする。

一　公共交通特定事業の対象となる特定旅客施設又は特定車両

二　公共交通特定事業の内容

三　公共交通特定事業の実施予定期間並びにその実施に必要な資金の額及びその調達方法

3　公共交通事業者等は、公共交通特定事業計画を定めようとするときは、あらかじめ、関係する市町村及び道路管理者の意見を聴かなければならない。

4　公共交通事業者等は、公共交通特定事業計画を定めたときは、遅滞なく、これを関係する市町村及び道路管理者に送付しなければならない。

5　前二項の規定は、公共交通特定事業計画の変更について準用する。

（公共交通特定事業計画の認定）

第八条　公共交通事業者等は、主務省令で定めるところにより、主務大臣に対し、公共交通特定事業計画が重点整備地区における移動円滑化を適切かつ確実に推進するために適当なものである旨の認定を申請することができる。

2　主務大臣は、前項の規定による認定の申請があった場合において、前条第二項第二号に掲げる事項が基本方針及び移動円滑化基準に照らして適切なものであり、かつ、同項第二号及び第三号に掲げる事項が当該公共交通特定事業を確実に遂行するために技術上及び資金上適切なものであると認めるときは、その認定をするものとする。

3　前項の認定を受けた者は、当該認定に係る公共交通特定事業計画を変更しようとするときは、主務大臣の認定を受けなければならない。

4　第二項の規定は、前項の認定について準用する。

5　主務大臣は、第二項の認定を受けた者が当該認定に係る公共交通特定事業計画（第三項の規定による変更の認定があったときは、その変更後のもの）に従って公共交通特定事業を実施していないと認めるときは、その認定を取り消すことができる。

（公共交通特定事業の実施に係る命令等）

第九条　市町村は、第七条第一項の規定による公共交通特定事業が実施されていないと認めるときは、公共交通事業者等に対し、その実施を要請することができる。

2　市町村は、前項の規定による要請を受けた公共交通事業者等が当該要請に応じないときは、その旨を主務大臣に通知することができる。

3　主務大臣は、前項の規定による通知があった場合において、公共交通事業者等が正当な理由がなくて第一項の公共交通特定事業を実施していないと認めるときは、当該公共交通事業者等に対し、当該公共交通特定事業を実施すべきことを勧告することができる。

4　主務大臣は、前項の規定による勧告を受けた公共交通事業者等が正当な理由がなくてその勧告に係る措置を講じない場合において、当該公共交通事業者等の事業について高齢者、身体障害者等の利便その他公共の利益を阻害している事実があると認めるときは、第五条第三項の規定により命令をすることができる場合を除くほか、当該公共交通事業者等に対し、移動円滑化のために必要な措置を講ずべき旨の命令をすることができる。ただし、鉄道事業法その他の法律の規定で政令で定めるものによる事業改善の命令がある場合にあっては、当該命令によるものとする。

（道路特定事業の実施）

第十条　第六条第一項の規定により基本構想が作成されたときは、関係する道路管理者は、単独で又は共同して、当該基本構想に即して道路特定事業を実施するための計画（以下「道路特定事業計画」という。）を作成し、これに基づき、当該道路特定事業を実施するものとする。

2　前項の規定による道路特定事業は、当該道路が、重点整備地区における移動円滑化のために必要な道路の構造に関する主務省令で定める基準に適合するよう実施されなければならない。

3　道路特定事業計画においては、基本構想において定められた道路特定事業について定めるほか、当該重点整備地区内の道路において実施するその他の道路特定事業について定めることができる。

4　道路特定事業計画においては、実施しようとする道路特定事業について次に掲げる事項を定めるものとする。

一　道路特定事業を実施する道路の区間

二　前号の道路の区間ごとに実施すべき道路特定事業の内容及び実施予定期間

三　その他道路特定事業の実施に際し配慮すべき重要事項

5　道路管理者は、道路特定事業計画を定めようとするときは、あらかじめ、関係する市町村、公共交通事業者等及び公安委員会の意見を聴かなければならない。

6　道路管理者は、道路特定事業計画において、道路法第二十条第一項に規定する他の工作物について実施し、又は同法第二十三条第一項の規定に基づき実施する道路特定事業について定めるときは、あらかじめ、当該道路特定事業を実施する工作物又は施設の管理者と協議しなければならない。この場合において、当該道路特定事業の費用の負担を当該工作物又は施設の管理者に求めるときは、当該道路特定事業計画に当該道路特定事業の実施に要する費用の概算及び道路管理者と当該工作物又は施設の管理者との分担割合を定めるものとする。

7　道路管理者は、道路特定事業計画を定めたときは、遅滞なく、これを公表するとともに、関係する市町村、公共交通事業者等及び公安委員会並びに前項に規定する工作物又は施設の管理者に送付しなければならない。

8　前三項の規定は、道路特定事業計画の変更について準用する。

（交通安全特定事業の実施）

第十一条　第六条第一項の規定により基本構想が作成されたときは、関係する公安委員会は、単独で又は共同して、当該基本構想に即して交通安全特定事業を実施するための計画（以下「交通安全特定事業計画」という。）を作成し、これに基づき、当該交通安全特定事業を実施するものとする。

2　前項の規定による交通安全特定事業（第二条第十二項第一号に掲げる事業に限る。）は、当該信号機等が、重点整備地区における移動円滑化のために必要な信号機等に関する主務省令で定める基準に適合するよう実施されなければならない。

3　交通安全特定事業計画においては、実施しようとする交通安全特定事業について次に掲げる事項を定めるものとする。

一　交通安全特定事業を実施する道路の区間

二　前号の道路の区間ごとに実施すべき交通安全特定事業の内容及び実施予定期間

三　その他交通安全特定事業の実施に際し配慮すべき重要事項

4　公安委員会は、交通安全特定事業計画を定めようとするときは、あらかじめ、関係する市町村及び道路管理者の意見を聴かなければならない。

5　公安委員会は、交通安全特定事業計画を定めたときは、遅滞なく、これを公表するとともに、関係する市町村及び道路管理者に送付しなければならない。

6　前二項の規定は、交通安全特定事業計画の変更について準用する。

（一般交通用施設又は公共用施設の整備等）

第十二条　国及び地方公共団体は、基本構想において定められた一般交通用施設又は公共用施設の整備、土地区画整理事業、市街地再開発事業その他の市街地開発事業の施行その他の必要な措置を講ずるよう努めなければならない。

2　基本構想において定められた一般交通用施設又は公共用施設の管理者（国又は地方公共団体を除く。）は、当該基本構想の達成に資するため、その管理する施設について移動円滑化のための事業の実施に努めなければならない。

（土地区画整理事業の換地計画において定める保留地の特例）

第十三条　基本構想において定められた土地区画整理事業であって土地区画整理法第三条第三項又は第三条の二から第三条の四までの規定により施行するものの換地計画（基本構想において定められた重点整備地区の区域内の宅地について定められたものに限る。）においては、特定旅客施設、一般交通用施設又は公共用施設で国、地方公共団体、公共交通事業者等その他政令で定める者が設置するもの（同法第二条第五項に規定する公共施設を除き、基本構想において第六条第二項第四号に掲げる事項として土地区画整理事業の実施に関しその整備を考慮すべきものと定められたものに限る。）の用に供するため、一定の土地を換地として定めないで、その土地を保留地として定めることができる。この場合においては、当該保留地の地積について、当該土地区画整理事業を施行する土地の区域内の宅地について所有権、地上権、永小作権、賃借権その他の宅地を使用し、又は収益することができる権利を有するすべての者の同意を得なければならない。

2　土地区画整理法第百四条第十一項及び第百八条第一項の規定は、前項の規定により換地計画において定められた保留地について準用する。この場合において、同法第百八条第一項中「第三条第三項若しくは第四項」とあるのは「第三条第三項」と、「第百四条第十一項」とあるのは「高齢者、身体障害者等の公共交通機関を利用した移動の円滑化の促進に関する法律第十三条第二項において準用する第百四条第十一項」と読み替えるものとする。

3　施行者は、第一項の規定により換地計画において定められた保留地を処分したときは、土地区画整理法第百三条第四項の規定による公告があった日における従前の宅地について所有権、地上権、永小作権、賃借権その他の宅地を使用し、又は収益することができる権利を有する者に対して、政令で定める基準に従い、当該保留地の対価に相当する金額を交付しなければならない。同法第百九条第二項の規定は、この場合について準用する。

4　土地区画整理法第八十五条第五項の規定は、この条の規定による処分及び決定について準用する。

5　第一項に規定する土地区画整理事業に関する土地区画整理法第百二十三条、第百二十六条、第百二十七条の二及び第百二十九条の規定の適用については、同項から第三項までの規定は、同法の規定とみなす。

（地方債の特例等）

第十四条　地方公共団体が、第八条第二項又は第三項の規定により認定を受けた公共交通特定事業計画に基づく公共交通特定事業に関する助成を行おうとする場合においては、当該助成に要する経費であって地方財政法（昭和二十三年法律第百九号）第五条各号に規定する経費に該当しないものは、同条第五号に規定する経費とみなす。

2　地方公共団体が、基本構想を達成するために行う事業に要する経費に充てるために起こす地方債については、法令の範囲内において、資金事情及び当該地方公共団体の財政事情が許す限り、特別の配慮をするものとする。

第四章　指定法人

（指定）

第十五条　主務大臣は、旅客施設及び車両等に係る移動円滑化を促進することを目的として設立された民法（明治二十九年法律第八十九号）第三十四条の法人であって、次条に規定する事業を適正かつ確実に行うことができると認められるものを、その申請により、同条に規定する事業を行う者として指定することができる。

2　主務大臣は、前項の規定による指定をしたときは、当該指定を受けた者（以下「指定法人」という。）の名称、住所及び事務所の所在地を公示しなければならない。

3　指定法人は、その名称、住所又は事務所の所在地を変更しようとするときは、あらかじめ、その旨を主務大臣に届け出なければならない。

4　主務大臣は、前項の規定による届出があったときは、当該届出に係る事項を公示しなければならない。

（事業）

第十六条　指定法人は、次に掲げる事業を行うものとする。

一　公共交通事業者等による移動円滑化のための事業の実施に関する情報を収集し、整理し、及び提供すること。

二　公共交通事業者等に対して、移動円滑化のための事業の実施に関し必要な助言、指導、資金の支給その他の援助を行うこと。

三　公共交通事業者等による移動円滑化のための事業に関する調査及び研究を行うこと。

四　前三号に掲げるもののほか、公共交通事業者等による移動円滑化のための事業を促進するために必要な業務を行うこと。

（公共交通事業者等の指定法人に対する通知）

第十七条　公共交通事業者等は、指定法人の求めがあった場合には、主務省令で定めるところにより、移動円滑化のための事業の実施状況を当該指定法人に通知しなければならない。

（改善命令）

第十八条　主務大臣は、指定法人の第十六条に規定する事業の運営に関し改善が必要であると認めるときは、指定法人に対し、その改善に必要な措置をとるべきことを命ずることができる。

（指定の取消し等）

第十九条　主務大臣は、指定法人が前条の規定による命令に違反したときは、その指定を取り消すことができる。

2　主務大臣は、前項の規定により指定を取り消したときは、その旨を公示しなければならない。

第五章　雑則

（国、地方公共団体及び国民の責務）

第二十条　国は、移動円滑化を促進するために必要な資金の確保その他の措置を講ずるよう努めなければならない。

2　国は、移動円滑化に関する研究開発の推進及びその成果の普及に努めなければならない。

3　国は、広報活動等を通じて、移動円滑化の促進に関する国民の理解を深めるよう努めなければならない。

4　地方公共団体は、国の施策に準じて、移動円滑化を促進するために必要な措置を講ずるよう努めなければならない。

5　国民は、高齢者、身体障害者等の公共交通機関を利用した円滑な移動を確保するために協力するよう努めなければならない。

（運輸施設整備事業団の業務の特例）

第二十一条　運輸施設整備事業団（以下「事業団」という。）は、運輸施設整備事業団法（平成九年法律第八十三号。以下「事業団法」という。）第二十条第一項から第三項までに規定する業務のほか、この法律の目的を達成するため、次の業務を行うことができる。

一　移動円滑化のための事業であって主務省令で定めるものを実施する公共交通事業者等に対し、当該事業に要する費用に充てる資金の一部について、予算で定める国の補助金の交付を受け、これを財源として、補助金を交付すること。

二　前号の業務に附帯する業務を行うこと。

2　前項の規定により事業団の業務が行われる場合には、事業団法第十三条第三号中「若しくは同条」とあるのは「、同条」と、同号中「その他の者」とあるのは「その他の者若しくは高齢者、身体障害者等の公共交通機関を利用した移動の円滑化の促進に関する法律（以下「高齢者等移動円滑化法」という。）第二条第三項に規定する公共交通事業者等」と、事業団法第二十八条第一号中「並びに同条第二項の業務」とあるのは「、同条第二項の業務並びに高齢者等移動円滑化法第二十一条第一項の業務」と、事業団法第三十六条第二項中「第二十条第二項第一号から第四号まで」とあるのは「第二十条第二項第一号から第四号まで及び高齢者等移動円滑化法第二十一条第一項第一号」と、事業団法第三十八条第二項及び第三十九条第一項中「この法律」とあるのは「この法律又は高齢者等移動円滑化法」と、事業団法第四十五条第三号中「第二十条第一項から第三項まで」とあるのは「第二十条第一項から第三項まで又は高齢者等移動円滑化法第二十一条第一項」とする。

3　主務大臣は、第一項第一号の主務省令を定めようとするときは、あらかじめ、大蔵大臣と協議しなければならない。

（報告及び立入検査）

第二十二条　主務大臣は、この法律の施行に必要な限度において、主務省令で定めるところにより、公共交通事業者等に対し、移動円滑化のための事業に関し報告をさせ、又はその職員に、公共交通事業者等の事務所その他の事業場若しくは車両等に立ち入り、旅客施設、車両等若しくは帳簿、書類その他の物件を検査させ、若しくは関係者に質問させることができる。

2　主務大臣は、この法律の施行に必要な限度において、指定法人に対し、その事業に関し報告をさせ、又はその職員に、指定法人の事務所に立ち入り、業務の状況若しくは帳簿、書類その他の物件を検査させ、若しくは関係者に質問させることができる。

3　前二項の規定により立入検査をする職員は、その身分を示す証明書を携帯し、関係者の請求があったときは、これを提示しなければならない。

4　第一項及び第二項の規定による立入検査の権限は、犯罪捜査のために認められたものと解してはならない。

（主務大臣等）

第二十三条　第三条第一項、第三項及び第四項における主務大臣は、同条第二項第二号に掲げる事項については運輸大臣及び建設大臣とし、その他の事項については運輸大臣、建設大臣、国家公安委員会及び自治大臣とする。

2　第五条、第八条第一項から第三項まで及び第五項、第九条第二項から第四項まで並びに前条第一項における主務大臣は、軌道に関する事項については運輸大臣及び建設大臣とし、その他の事項については運輸大臣とする。

3　第六条第八項及び第九項（これらの規定を同条第十項において準用する場合を含む。）における主務大臣は運輸大臣、建設大臣、国家公安委員会及び自治大臣とし、第十五条、第十八条、第十九条及び前条第二項における主務大臣は運輸大臣及び建設大臣とし、第二十一条第三項における主務大臣は運輸大臣とする。

4　第四条第一項における主務省令は、旅客施設（建築基準法（昭和二十五年法律第二百一号）第二条第一号に規定する建築物に該当する部分に限る。）及び軌道に関する事項については運輸省令・建設省令とし、その他の事項については運輸省令とする。

5　第五条第二項、第八条第一項及び前条第一項における主務省令は、軌道に関する事項については運輸省令・建設省令とし、その他の事項については運輸省令とする。

6　第十条第二項における主務省令は建設省令とし、第十一条第二項における主務省令は国家公安委員会規則とし、第十七条における主務省令は運輸省令・建設省令とし、第二十一条第一項における主務省令は運輸省令とする。

7　この法律による権限は、運輸省令又は建設省令で定めるところにより、地方支分部局の長に委任することができる。

（経過措置）

第二十四条　この法律に基づき命令を制定し、又は改廃する場合においては、その命令で、その制定又は改廃に伴い合理的に必要と判断される範囲内において、所要の経過措置（罰則に関する経過措置を含む。）を定めることができる。

第六章　罰則

第二十五条　次の各号のいずれかに該当する者は、百万円以下の罰金に処する。

一　第五条第二項の規定に違反して届出をせず、又は虚偽の届出をした者

二　第五条第三項又は第九条第四項の規定による命令に違反した者

三　第二十二条第一項の規定による報告をせず、若しくは虚偽の報告をし、又は同項の規定による検査を拒み、妨げ、若しくは忌避し、若しくは質問に対して陳述をせず、若しくは虚偽の陳述をした者

第二十六条　第二十二条第二項の規定による報告をせず、若しくは虚偽の報告をし、又は同項の規定による検査を拒み、妨げ、若しくは忌避し、若しくは質問に対して陳述をせず、若しくは虚偽の陳述をしたときは、その違反行為をした指定法人の役員又は職員は、三十万円以下の罰金に処する。

第二十七条　法人の代表者又は法人若しくは人の代理人、使用人その他の従業者が、その法人又は人の業務に関し、第二十五条の違反行為をしたときは、行為者を罰するほか、その法人又は人に対して同条の刑を科する。

第二十八条　第十七条の規定による通知をせず、又は虚偽の通知をした者は、二十万円以下の過料に処する。

附　則

（施行期日）

第一条　この法律は、公布の日から起算して六月を超えない範囲内において政令で定める日から施行する。ただし、第四条第一項から第三項まで、第五条第一項及び第三項、第二十五条第二号（第五条第三項に係る部分に限る。）並びに第二十七条の規定中車両等（自動車を除く。）に係る部分は、公布の日から起算して二年を超えない範囲内において政令

で定める日から施行する。

（経過措置）

第二条　この法律の施行の際現に建設又は第四条第一項の主務省令で定める大規模な改良の工事中の旅客施設については、同項の規定は、適用しない。

（検討）

第三条　政府は、この法律の施行後五年を経過した場合において、この法律の施行の状況について検討を加え、その結果に基づいて必要な措置を講ずるものとする。

（運輸施設整備事業団法の一部を改正する法律の一部改正）

第四条　運輸施設整備事業団法の一部を改正する法律（平成十二年法律第四十七号）の一部を次のように改正する。

　第四十四条の改正規定の次に次のように加える。

　附則第十条第二項中「第二十条第一項第四号から第十号まで」を「第二十条第一項第四号から第十六号まで」に改める。

　附則第十条中外国船舶製造事業者による船舶の不当廉価建造契約の防止に関する法律（平成八年法律第七十一号）附則第二条の改正規定の次に次のように加える。

　附則に次の一条を加える。

（高齢者、身体障害者等の公共交通機関を利用した移動の円滑化の促進に関する法律の一部改正）

第三条　高齢者、身体障害者等の公共交通機関を利用した移動の円滑化の促進に関する法律（平成十二年法律第六十八号）の一部を次のように改正する。

　第二十一条第一項及び第二項中「第二十条第一項から第三項まで」を「第二十条第一項から第四項まで」に改める。

　附則第十二条の次に次の一条を加える。

（高齢者、身体障害者等の公共交通機関を利用した移動の円滑化の促進に関する法律の一部改正）

第十二条の二　高齢者、身体障害者等の公共交通機関を利用した移動の円滑化の促進に関する法律（平成十二年法律第六十八号）の一部を次のように改正する。

　第二十一条第二項中「第二十条第二項第一号から第四号まで」とあるのは「」を「及び第二十条第二項第一号から第四号まで」とあるのは「並びに」に改める。

（中央省庁等改革関係法施行法の一部改正）

第五条　中央省庁等改革関係法施行法（平成十一年法律第百六十号）の一部を次のように改正する。

第千二百二十七条の次に次の一条を加える。

（高齢者、身体障害者等の公共交通機関を利用した移動の円滑化の促進に関する法律の一部改正）

第千二百二十七条の二　高齢者、身体障害者等の公共交通機関を利用した移動の円滑化の促進に関する法律（平成十二年法律第六十八号）の一部を次のように改正する。

第二十一条第三項中「大蔵大臣」を「財務大臣」に改め、第二十三条第一項中「運輸大臣及び建設大臣」を「国土交通大臣」に、「運輸大臣、建設大臣、国家公安委員会及び自治大臣」を「国土交通大臣、国家公安委員会及び総務大臣」に改め、同条第二項中「第四項まで」の下に「、第十五条、第十八条、第十九条、第二十一条第三項」を、「前条第一項」の下に「及び第二項」を加え、「、軌道に関する事項については運輸大臣及び建設大臣とし、その他の事項については運輸大臣」を「国土交通大臣とし、第六条第八項及び第九項（これらの規定を同条第十項において準用する場合を含む。）における主務大臣は国土交通大臣、国家公安委員会及び総務大臣」に改め、同条第三項を次のように改める。

3　この法律における主務省令は、国土交通省令とする。ただし、第十一条第二項における主務省令は、国家公安委員会規則とする。

第二十三条第四項から第六項までを削り、同条第七項中「運輸省令又は建設省令」を「国土交通省令」に改め、同項を同条第四項とする。

（運輸省設置法の一部改正）

第六条　運輸省設置法（昭和二十四年法律第百五十七号）の一部を次のように改正する。

第三条の二第一項第十号の三の次に次の一号を加える。

十の四　高齢者、身体障害者等の公共交通機関を利用した移動の円滑化の促進に関する法律（平成十二年法律第六十八号）の施行に関すること。

第四条第一項第十号の三の次に次の一号を加える。

十の四　高齢者、身体障害者等の公共交通機関を利用した移動の円滑化の促進に関する法律の規定に基づき、基本方針を定め、又は必要な処分をすること。

（建設省設置法の一部改正）

第七条　建設省設置法（昭和二十三年法律第百十三号）の一部を次のように改正する。

第三条第十一号中「及び中心市街地における市街地の整備改善及び商業等の活性化の一体的推進に関する法律（平成十年法律第九十二号）」を「、中心市街地における市街地の整備改善及び商業等の活性化の一体的推進に関する法律

（平成十年法律第九十二号）及び高齢者、身体障害者等の公共交通機関を利用した移動の円滑化の促進に関する法律（平成十二年法律第六十八号）」に改める。

（自治省設置法の一部改正）

第八条　自治省設置法（昭和二十七年法律第二百六十一号）の一部を次のように改正する。

第四条第三号の十の次に次の一号を加える。

三の十一　高齢者、身体障害者等の公共交通機関を利用した移動の円滑化の促進に関する法律（平成十二年法律第六十八号）の施行に関する事務を行うこと。

第五条第三号の八の次に次の一号を加える。

三の九　高齢者、身体障害者等の公共交通機関を利用した移動の円滑化の促進に関する法律に基づき、基本方針を定めること。

参考文献

鈴木敏、「道——古代エジプトから現代まで——」、技報堂出版㈱、1998

鈴木敏他、「街路のはなし」、技報堂出版㈱、1988

黒川 洸他対談、「美しく快適な地域づくりに向けて——人の暮らしを重視したまちづくり手法——」、『月刊建設』1月号、㈳全日本建設技術協会、2002

「インスタント・シニア　ワークブック」、日本ウエルエージング協会、2000

「ユニバーサルデザインの理念」、『ユニバーサルデザイン』1月号、ユニバーサルデザインコンソーシアム、1998

㈳都市緑化技術開発機構・公園緑地バリアフリー共同研究会、「公園のユニバーサルデザインマニュアル」、鹿島出版会、2000

「みんなで進める地域バリアフリー化——協働のまちづくりに参加しよう——」、東京都都市計画局、2000

「バリアフリーガイドブック【道路・公園編】」、北九州市建設局、2000

久保 耕造、「ノーマライゼーション」、『ノーマライゼーション障害の福祉』10月号、㈶日本障害者リハビリテーション協会、1995

「道路構造令の解説と運用」、㈳日本道路協会、1984

「視覚障害者誘導用ブロック設置指針について」、㈶道路保全技術センターホームページ、2001

高宮 進他、「道路におけるバリアフリー技術」、『月刊土木技術資料』7月号、㈶土木技術センター、2000

「公共交通ターミナルのバリアフリー度評価　評価マニュアル」、交通エコロジー・モビリティ財団、2001

木村 一裕他、「高齢者・障害者の外出需要とタウンモビリティに対する利用意向」

岡本 英晃他、「車いす利用者からみた快適に通行することのできる空間に関する研究」

吉川 和徳他、「「〝福祉の〟まちづくり」から「まちづくり」へ——東京都板橋区における介護実習普及センター設置の試み——」

磯部 友彦、「バス停環境整備に関する一考察——名古屋市テラス型バス停の証実験を通して——」

田村 量平、「積雪地における視覚障害者誘導システムについて」

参考文献

石塚 祐子他、「道路横断部端部処理についての調査研究」
以上6点『福祉のまちづくり研究会　第4回全国大会概要集』、福祉のまちづくり研究会　第4回全国大会事務局、２００１
「ＴＤＭ実証実験」、名古屋市ホームページ、２００２
山岸 朋央、「歩行者の安全と分離信号」、『ＪＡＦ-ＭＡＴＥ』3月号、㈱ＪＡＦ-ＭＡＴＥ社、２００２
鈴木 敏、「景観舗装の知識」、技報堂出版㈱、１９９２
杉田 聡、「クルマを捨てて歩く！」、㈱講談社、２００１
山岸 朋央、「ハンディキャップは元気の素」、㈱講談社、２００１
渡邊 健二、「バリアフリーの社会に！」、㈱学習研究社、２０００
渡邊 健二、「道路や交通機関をバリアフリーに！」、㈱学習研究社、２０００
渡邊 健二、「心のバリアをとりのぞこう！」、㈱学習研究社、２０００
渡邊 健二、「みんなでつくるバリアフリー」、㈱学習研究社、２０００
山岸 朋央、「増えてきた電動三・四輪車の事故」、『ＪＡＦ-ＭＡＴＥ』１・2月号、㈱ＪＡＦ-ＭＡＴＥ社、２００１
「電動三・四輪車（電動車いす）の比較テスト結果」、国民生活センターホームページ、２００２
鈴木 敏、「道の環境学」、技報堂出版㈱、２０００
「公衆電話インフォメーション」、ＮＴＴ東日本ホームページ、２００２
「移動円滑化基準等検討会議の結果について」、運輸省政策局、２０００
交通バリアフリー政策研究会、「わかりやすい交通バリアフリー法の解説」、㈱大成出版社、２０００
交通安全対策研究会、「図説交通安全　平成１３年版」、㈱ぎょうせい、２００１
総務庁、「交通安全白書　平成１３年版」、大蔵省印刷局、２００１
橋本 裕蔵、「道路交通法の解説」、一橋出版㈱、１９９９
「都市開発と人工地盤　歩行者のための環境と装置」、㈳鋼材倶楽部、１９８４
岡 並木、「都市と交通」、岩波新書、１９８１

山岸 朋央、「歩道をふさぐことの危険」、『ＪＡＦ-ＭＡＴＥ』１・2月号、㈱ＪＡＦ-ＭＡＴＥ社、２００２

柴田 徳衛＋中西 啓之、「クルマと道路の経済学」、㈱大月書店、１９９９

澤田造形研究所計画部、「くらしの道づくり――コミュニティ道路からロードピア構想まで――」、澤田造形研究所、１９８４

建設省道路局、「コミュニティ道路――親しみとうるおいある道をもとめて――」、道路整備促進規制同盟会全国協議会、１９８４

松村 みち子、「生活道路のバリアフリー」、『道路建設』9月号、㈳日本道路建設業協会、２００１

片山 正直、「松山市における『歩いて暮らせる街づくり』の実現に向けた施策」、歩いて暮らせる街づくりシンポジウム資料、「歩いて暮らせる街づくり」シンポジウム実行委員会、２００１

あとがき

私は、昨年三十数年やってきた道路建設の一線から退きました。とにかく道路を黒くするだけの簡易舗装の施工や、始まったばかりの高速道路の建設、バブル時代の商店街のカラー舗装、景観舗装の開発、そして道路の環境対策などに関する仕事に従事し、それらに関する著書もいくつか著してきました。ということで道路については、一とおりのことを知っているつもりでした。しかし、これまでほとんど接触のなかった地域の街づくりの集まりなどに参加し、道の利用者であるみなさんの新鮮な考え方を聴いて、まだまだ知らないことがたくさんあることを思い知りました。私をはじめとして、道路技術者は道のつくり方は知っていますが、道の使い方を知らないのです。特に道のバリアフリーに関しては、自分自身で高齢者の疑似体験をしたり、実際に車いすに乗ってみて、これまで知らなかった世界が見えてきた感じがしました。

一口に「道のバリア」といっても、ある人にとっては大きなバリアであるものが、別の人にはあまりバリアと感じられないものであったり、あるいはそのバリアを取り除くことによって新しいバリアができてしまうということもあります。例えば、横断歩道前の縁石の段差は車いす利用者にとっては大きなバリアとなりますが、この段差をなくしてしまうと目の不自由な人が歩車道の境界が判断できなくなり、進行方向を誤って危険な目に遭うことになります。車いすで移動する人のためにはできるだけ段差を小さくする、目の不自由な人のためには歩車道境界を識別できる形状を工夫するなど、双方とも少し不満は残るけれど妥協できる歩車道境界を考えなければなりません。誰にとっても完全にバリアがないという道を実現することは難しいことであり、誰もが少し我慢をしなければなりません。それでも、みんなが安心して快適に道を移動するためには、それぞれの不満をカバーするために相手を思いやり、行動として表す「心のバリアフリー」が大切になります。

本書では、道のバリアフリーを実現するために、まず自動車の危険を排除した道、その道によって形成されるコミュニティ・ゾーンづくりを提案しています。コミュニティ・ゾーンの中の道は、歩行者にとってバリアフリー化された道でなければなりません。道づくりに携わる技術者は身体の不自由な人を含めた道の利用者みんなの思い、それも一人ひとり異なるであろう思いを汲み取って組み立てながら道のバリアフリー化を進めなければなりません。本書では道の利用者の声なども紹介していますが、これらはほんの一部であり、自分自身で高齢者や身体の不自由な人の疑似体験をし、利用者の声を聞きながら街を回ることによって新しい発見が得られるものと思います。道づくりや街づくりの現場に利用者の声が届くことによって、私達の住んでいる街のバリアフリー化が進み、誰でもが安心して外出できる社会が来ることを願うものです。

平成１４年７月　著者

著者紹介

鈴木　敏（すずき さとし）

1940年　岩手県に生まれる
1964年　東北大学工学部土木工学科卒業
技術士
主　著　「人のための道と広場の舗装」1987（共著）
　　　　「街路のはなし」1988（共著）
　　　　「景観舗装の知識」1992
　　　　「道」1998
　　　　「道の環境学」2000
　　　　いずれも技報堂出版刊

道のバリアフリー　安心して歩くために　　定価はカバーに表示してあります。

2002年8月10日　1版1刷発行　　ISBN 4-7655-1638-5 C3051

著　者　鈴　木　敏
発行者　長　祥　隆
発行所　技報堂出版株式会社
〒102-0075　東京都千代田区三番町8-7
（第25興和ビル）
電　話　営　業　(03)(5215)3165
　　　　編　集　(03)(5215)3161
　　　　FAX　(03)(5215)3233
振替口座　00140-4-10
http://www.gihodoshuppan.co.jp

日本書籍出版協会会員
自然科学書協会会員
工学書協会会員
土木・建築書協会会員

Printed in Japan

© Satoshi Suzuki, 2002

装幀　田村祐介　印刷・製本　東京印刷センター

落丁・乱丁はお取り替え致します。

本書の無断複写は，著作権法上での例外を除き，禁じられています。

◉小社刊行図書のご案内◉

それは足からはじまった	―モビリティの科学	東京大学交通ラボ著 A5・432頁
道	―古代エジプトから現代まで	鈴木敏著 B6・248頁
都市の交通を考える	―より豊かなまちをめざして	天野光三・中川大編 四六・224頁
環境を考えたクルマ社会	―欧米の交通需要マネージメントの試み	交通と環境を考える会編 B6・210頁
魅力ある観光地と交通	―地域間交流活性化への提案	国際交通安全学会編 B5・174頁
駅前広場計画指針	―新しい駅前広場計画の考え方	建設省都市局都市交通調査室監修 B5・136頁
これからの歩道橋	―付・人にやさしい歩道橋計画設計指針	日本鋼構造協会編 B5・250頁
人のための道と広場の舗装	―設計・施工要覧	金井格ほか著 B5・190頁
マイナスのデザイン	[歩行者の道1]	津田美知子著 A5・224頁
通行帯のデザイン	[歩行者の道2]	津田美知子著 A5・230頁
街路の景観設計		土木学会編 B5・296頁
公共システムの計画学		熊田禎宣監修 A5・254頁

◉はなしシリーズ

道のはなしI・II	武部健一著 B6・各260頁
街路のはなし	鈴木敏ほか著 B6・190頁
道の環境学	鈴木敏著 B6・198頁
都市交通のはなしI・II	天野光三編著 B6・各192/198頁

技報堂出版 | TEL 編集03(5215)3161 営業03(5215)3165
FAX03(5215)3233